寄情*山岳*，綠意心靈，
　　展現生活，天天森呼吸。

寄情*山岳*，綠意心靈，
　展現生活，天天森呼吸。

寄情山岳，綠意心靈，
　展現生活，天天森呼吸。

靈量 **瑜伽輕食**

the Kandalini Yoga
COOKBOOK

■ 艾克翁卡辛〈EK ONG KAR SINGH〉 & 賈桂琳郭〈JACQUELINE KOAY〉 著　吳慧燕 譯 ■

謹以本書獻上對靈量瑜伽行者
巴贊的無限懷念。

（1929年8月26日～2004年10月6日）

「凡是無法處處見到神的人，根本就見不到神。」

—— 瑜伽行者巴贊

目錄 Contents

前言

寶瓶座時代（aquarian age）的飲食

> 「自覺（consciousness）是一件令人欣喜的事，真實是我們的本性。我們正撼動著自身的存在。」

—— 瑜伽行者 巴贊（Yogi Bhajan）

談到「瑜伽食物」（yogic food）一詞，許多人會感到困惑，因為一般人對瑜伽的認知就是整個人打結與靜坐冥想數小時；而食物要如何才能符合瑜伽的要求呢？看完本書將會令你感到驚訝，原來瑜伽式的飲食是如此地有趣、多變化、絲毫不費時、吸引人而可口。

在古代，食物亦被作為藥物之用，不但用於治療小病，也是預防大病的基礎。不幸的是，「進步」至今日，對大多數人來說，除了滿足已疲乏的味覺之外，食物已不具有任何意義。

我們都知道，以精製糖、垃圾食物、含有類固醇的肉品等食物來填飽肚子及滿足口腹之欲，對身體非常不好。因為這類食物的營養價值不高，甚至為零，最糟的是，會傷害身體系統；但是，我們仍然繼續用這些不健康的食物餵養身體——之所以會這麼做，往往是因為被欲望及未健康地運用食物所導致。

為了吃而活的態度，讓有害的食物有機會玩弄身體的健康，完全違背為了生存而吃的原則；但是，吃什麼樣的食物就會造就什麼樣的我們，也正是今天雖然醫藥發達，但仍有許多疾病的緣由。我們的味蕾變得麻木不仁，早已失去欣賞好食物的能力；即使在我們吃「健康」的食物時，也常因加太多的鹽而破壞了原有的益處。

瑜伽飲食主張採用最新鮮的蔬果，如果能選擇有機產品更好，再搭配上各種堅果類、穀類及一些家庭常備食材及香料。蔬果與堅果類可提供prana，亦即生命力，而飲食中所含的「熱」則從乳製品來。無論怎麼變化，瑜伽行者巴贊在本書中所提供的特別飲食，完全主張採用自然的食材，並遵守純素（vegan）的原則。

瑜伽主張素食主義的意涵來自ahimsa，也就是非暴力的公平正義；因為，奪取另一個活體生物的生命，絕不可能是公平正義之舉。有些人相信素食是較健康的選擇，因為人類的消化系統結構與草食性動物相似。

本書將傳統及現代食物分類，並編排在相關的章節裡。已在修習靈量瑜伽（kundalini Yoga）者，可從三種特別的純素飲食擇一加入為期四十天的訓練中，例如參考「第三章綠色飲食」、「第五章綠豆與米食」或「第六章水果、堅果與蔬菜」等各章中的食譜及觀念。四十天的飲食週期是成為靈量瑜伽導師訓練的一部分；之所以為期四十天乃因這正是心靈（mind）的活動週期，並且在此期間需要絕對信守特別的生活規律。建議你，最好在開始任何一種飲食型態之前先詢問你的家庭醫師。

有許多美味的靈量瑜伽食譜來自歐、美節慶時傳統的野炊，另有一些則來自世界各地錫克寺廟（Gurdwara）的飲食。「第七章分享美食」中的食譜乃選自眾多瑜伽聚會中的精華，擁有諸眾的祝福。

「第四章有益輪穴能量的食物」是幫助身體各個重要能量中心平衡，並使身、心、靈合而為一

的絕妙組合。蒐羅在「獻給女性的食物」一章中的，則是對女性特別有益的食譜。靈量瑜伽對女性營養的原則，完全針對預防老化所帶來的疾病，以保持年輕體能的優勢。遠離所有的氣泡飲料及鹽，以免使骨質中的礦物質流失；食用大量綠色水果及蔬菜以重建細胞；並以有益身心健康的食物餵養身體、維持良好的健康狀態。在本章中你會發現許多符合這些條件的健康、實用而可口的食譜。

對於只想享用較健康的飲食，甚至想獲得些許靈量瑜伽好處的讀者來說，本書也極適合你。羅列於各章的食譜，可以讓你根據不同時令的蔬果、整體身心的健康狀態與不同場合，靈活的組合及搭配。所有食譜均能呈現靈量瑜伽的生活智慧，與建議的唱誦（chanting）、靜坐冥想一起融入整體的烹調經驗中。

在靈量瑜伽的修習方式中，的確包括很多瑜伽動作，稱之為「淨化法」（kriyas），可淨化我們的身體、使能量釋放順暢及創造生理、情緒和心靈上的安適。這些淨化法在靈量瑜伽中極為重要，因為我們希望藉此使心靈所在的身體得以保持健康；這也就是為什麼靈量瑜伽如此重視營養的原因。

在第九章的「瑜伽與好朋友」中收錄了數種淨化法、四種靜坐冥想的方式，及多種手印（mudra）可分享給你的家人與親友，此外，也將計算這些食譜所需材料多寡的方法列於其中，期能使完成的美食充滿能量，並使烹調及享用的經驗更為愉悅。

食物和愛一樣，確實具有療效。我們都具有這種能力，只要我們敞開心胸去接觸就會了解；然而現代的社會壓力及制約作用，使我們失去且遺忘這種最原始的能力。事實上，就算製備食物只是一種世俗的責任，我們也可藉此喚回存在每個人身上的這種能力。

因此，本書的精神就是以愛和歡愉來準備食物，並在烹調時將你的能量注入用心創造的飲食中。依憑情感和感覺來完成烹調——這也是為什麼本書的食譜不用固定且機械化的測量方式，只用「一撮」、「一匙」及「一把」作為衡量食材的標準，例如「抓一把乾綠豆」。藉著接觸，我們將能量灌注至食材中：這就是以「心」完成的烹調。一開始，可能會覺得沒有章法，甚至可能使你感到挫折，不過一旦習慣使用雙手，你將會發現是多麼的有趣、自然而富有活力。

或許對我們而言，最重要的正是本書作者西方靈量瑜伽之父——瑜伽行者巴贊的話語，他認為：「每當我們進食時，就是在創造未來的自己。」這也就是本書的精神所在。

薩特納姆（Sat Nam，意思是「真實是我的本性」）

賈桂琳郭（Jacqueline Koay）
艾克翁卡辛（Ek Ong Kar Singh）

註：
薩特納姆（SAT NAM）是靈量瑜伽中最常用的咒語之一。在用餐之前我們說「薩特納姆」以表達心中的感謝，或是在瑜伽課程完成時作為結束的感恩。「薩特」表示真實、真理，而「納姆」表示本性、特質。這就是真實的本性以最原始的形態具體呈現。吟誦「薩特納姆」可喚醒靈魂，找到你的依歸。
註：
寶瓶座時代導師（The Aquarian Teacher）——為國際靈量瑜伽導師訓練課程第一級（KRI），2003

靈量瑜伽式的飲食及生活方式

你的所思、所為與所言成就了現在的你

如果你想要增加實行靈量瑜伽所帶來的益處，或是單純地想提昇整體健康，就該注意哪些食物該吃或不該吃。記住，在進食的同時，也在創造你自己的未來。

食物就是藥物，因此，你應該為了生存而吃——不健康的吃會招致疾病。吃得好，實行靈量瑜伽並時時體驗上天的美意。

三類食物

• 生長在陽光下的食物——所有的水果類、堅果類、酪梨及椰子

這類食物生長在距離地面一公尺以上的高度，得到最多來自陽光的能量，且對神經系統極有益。

• 生長在地面上的食物——各種豆類、米、麵包與綠色蔬菜

這類食物生長在距離地面一公尺以內的高度，含有部分來自陽光的能量及部分來自土壤的能量，是清淨身體最好的食物。

• 生長在土壤裡的食物——根類蔬菜，包括馬鈴薯、大頭菜、甜菜、大蒜、薑及洋蔥

這類蔬菜完全生長在土壤中，得到來自土壤的完整能量，與所有的生長在陽光下的食物一樣對健康有益，具有治療的性質及絕佳的能量。

三種屬性的食物 (見p.19)

• 悅性食物（Sattvic）——提供身體所需的精華（包括大多數的水果與蔬菜、生長在陽光下及生長在地面上的食物）。

• 變性食物（Rajasic）——會產生能量（所有香草植物、香料與生長在土壤中的食物）。

• 惰性食物（Tamasic）——帶給身體腐敗與消極的影響，應避免食用（肉類、魚類、蛋類及脫水食物；藥物與酒精）。

生的食物

在瑜伽飲食中生食極為重要，因為生的食物中保有完整的各種維生素及礦物質。

味道

食物除了可分為三種主要顏色之外，也具有六種主要的味道——甜、酸、鹹、辣、苦、澀。依據印度阿育吠陀醫學（Ayurveda medicine）（見p.20），我們所食用的食物應該涵括這六種味道。

鹼性vs.酸性

為了達到最理想的健康狀態，我們的飲食中應含有75%的鹼性食物，以利於體內器官、腺體及神經系統的發育及維護。不論是甜的或酸的水果、綠色蔬菜、豆類或豆莢等均富含鹼性物質。易使人成癮的食物，諸如咖啡及甜食，由於它們屬於高酸性食品，因此應該避免。

蛋白質

蛋白質是身體組成的最小單位，因此必須經常食用。豆科植物、堅果類、各類種子、豆類、藻類、米、豆腐及優格，這些食物都含有豐富的蛋白質，與非素食者從肉類得到的蛋白質相同。

食物的製備與攝取

在製備餐食時，要注入愛與關懷，且需在安靜的

環境中輕鬆地進餐。以感恩的心情供應食物，在開始進餐前祈禱並且細細地體會食物。只在餓的時候才吃東西、仔細咀嚼，並且在七、八分飽的時候就停止進餐。在每一餐之後要稍做休息，而且日落之後就不再進食。此外，建議你每週斷食一天，讓腸胃道系統休息。

應避免攝取的食物與物質

- 白糖——會損耗體內的維生素B群，並對身體造成壓力。
- 鹽——避免攝取過量，因為過多的鹽會給心臟帶來負擔，並且會抑制鈣的吸收。
- 尼古丁——會損耗體內的維生素C及鐵。
- 精製食物——無法提供身體足夠的營養素及維生素B群。
- 酒精——易成癮，並對身體有害，造成肝臟的負擔。

- 咖啡因——影響身體的協調性、記憶力及感覺，給心臟帶來負擔，使血中膽固醇值升高，造成胃不適並且妨礙睡眠。

瑜伽的生活方式

概括而言，上述各項就是瑜伽對食物及進食的原則。優質瑜伽生活的主要規則就是凡事要細心體會、凡事節制，且透過靜坐冥想及學習在最高主宰之前表現自己。如此，就可以帶來有活力、豐富的生活型態，充滿了愛、奉獻、自尊與幸福。靈量瑜伽可以給你進入身體與心理的方法——只要每天練習，就可以做到。

愛護並尊重身體，
愛護並尊重萬物，
愛護並尊重地球。

薩特納姆（*Sat Nam*，意思是「真實是我的本性」）

靈量瑜伽的原則

治療現今世界的古老技能

　　我們所吃的食物，不僅會影響我們身體的生理（即anamaya kosha），也會影響我們的思維，最後甚至影響情緒和心靈上的安適。古老時代的瑜伽行者們不但了解這個道理，也知曉許多經典的瑜伽經文，例如哈達瑜伽導論（Hatha Yoga *Pradipika*）中就有對瑜伽飲食的建議。然而，什麼是適當的飲食，仍是一個爭議性的議題，況且，本書的目的也不在討論任何特殊飲食的價值，真正的用意，僅在於探討靈量瑜伽和飲食的關係，以及可以帶給你什麼樣的好處。

　　靈量瑜伽著重烹調及攝食，並不是只關心你吃下了什麼，更重要的是製備餐食時要加上愛和關懷，努力從事社區服務並幫助貧困的人。

宇宙無窮的意識

要真正瞭解靈量瑜伽烹飪的原則，就必須瞭解靈量瑜伽的本質——靈量瑜伽是一門可以改變及強化你的影響力的科學，可以給你開闊的生活及更大的能力。靈量瑜伽的起源可回溯至數千年前，且似乎蘊涵著各種文化智慧結晶的根源，這其中更點出了意識的重要。

對早期的瑜伽行者而言，瑜伽是一種促進健康及心靈安適的生活方式。「瑜伽」（yoga）一詞來自梵文（Sanskrit，即古印度語）中古字「yurg」，意思就是「結合」。所以瑜伽意謂著一個實行的系統，一種生活方式，可使身、心、靈三者結合。此三者結合成為一個完整的人，可達到「平和歡喜」（Shuniya）的境界。雖然前述含義常用於形容瑜伽，然而在靈量瑜伽的觀念中，對「yurg」這個字的解釋，也包含了個人意識與宇宙無窮意識的結合。這是一種體認的法門；可消除界限，使心發揮無窮的潛能和創造力。這也是為什麼瑜伽行者巴贊認為，靈量瑜伽是人們修習意識的方法。

瑜伽行者巴贊在一九六八年將靈量瑜伽帶進西方國家。年輕時本名為Harbhajan Singh的巴贊，出生於一個二十五年來一直祈求獲得男嗣的富有地主之家。自孩提時起，就擁有諸多寵愛，每年在他的生日時，家人就會為他量體重，不論他的體重如何變化，家人都會以他的體重，捐出等重的金幣、銀幣和銅幣，以及相當於他體重七倍的小麥來幫助貧苦的人。

這種濟貧的傳統與服務社群的認知，深植於瑜伽行者巴贊的生活中。在錫克教（Sikh）的傳統與其他信念中，免費廚房（langar，即free kitchen）是指不分性別、財富及社會地位，全體共坐分享簡單的食物。由於瑜伽行者巴贊同時教導錫克教傳統及靈量瑜伽，因此，服務的體現就成了靈量瑜伽的基礎。

瑜伽行者巴贊最早接觸西方國家的經驗，是受到一位加拿大籍紳士的邀請前往加拿大。他開始在一個名為羅吉代爾（Rochedale）著名的大眾房舍中教授瑜伽，同時也在出版社裡當一名職員。同年（一九六八年）十二月，他應老友之邀至洛杉磯教授瑜伽。他的教導震動了當地青年的心弦，因為這些人正在尋求自我認知、自我探索，以及呈現真實而有意義價值的方法。

瑜伽行者巴贊和他的學生們在華盛頓地區建立了一個社群，設立了餐廳和書店，名為「黃金寺」（The Golden Temple），是沿襲位於阿姆利則（Amritsar）的黃金寺命名的。那些曾在黃金寺裡生活及工作的人，在將靈量瑜伽的見證帶至西方國家的期間則指出，他們依然感受到生命充滿最深的靈性，而大家就像一家人，有著同樣熟悉的親切與溫暖。

因為這樣，瑜伽行者巴贊所教導的靈量瑜伽不僅是一套運動而已。它是一種衍生自「靈量」一詞的生活方式，一種源自我們自身、根本，或說是輪穴的能量：當靈量甦醒時，你就更易有所察覺與體認。有了這種高度覺醒，就能夠立即對任何行動做出反應，使你有機會或選擇如何決定下一步該做什麼，或不該做什麼。

靈量瑜伽的這個優點使它也以「覺知瑜伽」（yoga of awareness）聞名，此外，就像所有的河流終將匯流入海一般，所有的瑜伽派別都以提昇靈量為最終目的。在這樣的觀念下，靈量常被描述為像是一條蛇盤繞在人的底部，會沿著脊柱向上升起。在東方的傳統中，蛇象徵著能量、精神、覺知、與靈的體現。

靈量瑜伽的精神即簡單就是美。我們正進入一個新時代——寶瓶座時代，在這個時代裡，我們的生活方式正改變著人們對空間、時間、人際關係與環境關聯性的觀念。處於寶瓶座時代的開端，我們準備將雙魚座時代（the Piscean Age）的貪婪及不良習性丟棄，迎接一個以心為上的世界。靈量瑜伽的完整修習方式（也就是我們一切的行動、選擇及食物），可使我們做好準備，面對即將來臨的寶瓶座時代。

在雙魚座時代，生活充滿了機械與階級制度；歷經了原子彈與性剝削；充斥著權力與腐化。生活成了只是生存而不是歡樂之源。心靈的美減到最低，人心也少有高尚者。

寶瓶座時代的來臨，將我們推向更大的心靈覺知；唯有美麗的心靈及高尚的胸懷，才能夠達到無窮的境界。靈量可喚醒最原始的你，使你從自我設限的有限潛能成為具有無限潛能者。在你實行靈量瑜伽時，將使你真正的本能自然地顯露，並持續地成長。

進行瑜伽淨化法與靜坐冥想、唱誦，是每日必行的重要功課。整個宇宙奠基於聲音與波動。藉由唱誦，或說是波動，也就是一連串特殊的聲音，可讓你調整到最高的覺知層次。唱誦咒語（mantras），無論是在心中默唱或大聲唱出，都同樣可以產生指導心靈的作用。

當進行唱誦時，舌頭的移動可以刺激口中上顎最高點，這些點就像是電腦的鍵盤一般，可連接到大腦的下視丘；下視丘負責情緒調控、情感作為及性等重要功能。身體接收到唱誦節奏的跳動，會轉化為化學訊息，同時進入腦及身體的重要部位。

從心靈上來說，舌頭與上額頂點的互動可帶給我們與神性結合的經驗；而藉著在製備食物時唱誦咒語，就是將唱誦的聲波傳入食物中。聲波是一種能量，具有結構、力量和明確的影響力，可影響輪穴（能量中心）及人類的心靈，這也就是為什麼某些音樂可以提振心靈的緣故——來自聲波力量中的生命力具有極大的影響力。

靈量瑜伽所談的是人的生活方式，由於身體是靈魂在今生的運載工具，因此保持身體的健康與潔淨，就成了瑜伽生活的重點。因為我們都必需吃東西才能生存，因此對於在烹調及享用食物時的唱誦，便成了靈量瑜伽的歷史、傳統及科學修習上的一部分。

由於我們在吃東西時就是在創造未來的自己，因此食物便是修習中重要的一環：無論是食物中的蛋白質、維生素及礦物質，都會進入我們的骨架結構。這些營養素會進到血液中，流經全身，賦予建造身體的細胞新生。

掌控我們的身體是每一個人開始生命旅程的第一步。身體就像汽車一樣，是由許多系統組成為複雜的合體：諸如循環系統、腺體、腦及神經系統，就算技藝精湛的工匠也無法創造出這樣的成品；而這個複雜系統需要維修保養，必須仔細評估其行動力、回應需求的潛能，以及可能的耐力與壽命。

瑜伽行者巴贊非常注重「平衡」，包括飲食不過量。就像沈溺於其它事物一樣，飲食如果過量會破壞個人整體系統的平衡，包括思考方式，阻礙目標及志向。因此，在靈量瑜伽中有許多不同的四十天期飲食，有助於幫助破除心靈的週期（一週期為四十天）。要切實遵守這個原則需要極大的紀律性。

心靈就是生命中的指引，會引導觀點、情緒及行動。如果你認為生命是悲苦的，那麼就算是一場小雨也會使你整天心情不佳；但是，如果你以正面的看法擁抱每一天，你就會在雨中手舞足蹈，因為你所經歷的事物，都將因心靈的讚賞與創造力而變得多采多姿。因此，假使你以開放的心胸接受靈量瑜伽，將會比你帶著成見接觸瑜伽的收穫多得多。先有體驗，然後才有信仰；我們必須對任何新的經驗都保持開放的態度。不僅對修習靈量瑜伽應該如此，對所有其他生命中的事物都該同等對待。

最後，身與心就會和靈魂及聖靈結合；生命如果沒有與聖靈連結，就無法存續。瑜伽對聖靈的定義，與世上其他主要宗教相同，即宇宙只有一個真神，一個事實。我們之所以能夠認知自己為人類，正因我們是最早具有聖靈和信仰的生物；但因為在群體中逐漸改變，既有的認知產生變化，加上都市化及家庭關係鬆散，使我們失去聖靈間的聯繫。隨著靈量瑜伽成長，你可以藉由與別人一起進行提高覺知的練習，來提昇你自己並創造一個集體意識。

由於食物是人類基本需求之一，本書的作者群及瑜伽行者們皆相信，依據靈量瑜伽的傳統，藉由提昇意識以及為他人製備食物，你將有能力開啟這種古老的技能。本書旨在透過靈量瑜伽的重要觀念，開展一個更健康、更神聖及更快樂的生活方式。

願你的生活充滿著和善、歡欣與祝福。

Sat Nam

隨著靈量瑜珈成長，意謂著藉由與別人一起進行提高覺知的練習，來提昇你自己並創造一個集體意識。

Chapter
2

瑜伽飲食的主要食物

使人積極與精力充沛的飲食

　　靈量瑜伽烹飪書與其他瑜伽書的差異處，在於本書強調以靈量的觀點進行食物的調理。我們會用三聖根（trinity roots）——洋蔥、薑、及大蒜。在傳統瑜伽觀念中，這三種食物被認為是變性食物，或可說是熱性食物，食後易使人產生熱烈的激情、強烈的情緒及煩燥不安的心靈，因而在一般的瑜伽食譜中並不鼓勵採用這些食材。

　　但在靈量瑜伽中仍採用這些材料，是因為他們所具有的這種「火」的特性，就像所含的大地能量一般。在靈量瑜伽食譜中大量採用這些根類食材，正是因為它們符合瑜伽行者巴贊所信奉的家庭瑜伽觀念，與生活型態。巴贊認為，現代的瑜伽行者不該是隱居在偏遠洞穴者，應是入世的在家居士，是真實世界的一部分，因此該帶領大家過正常的生活。既是供人享用的食物，就該做到美味可口。

瑜伽哲理

瑜伽式飲食有六個基本元素：

- 避免有「母親」的食物來源——諸如所有肉類、魚類及蛋類。
- 食用飽和脂肪含量低的食物——不要食用肉類及全脂乳酪。
- 食用富含複合碳水化合物的食物——身體需要碳水化合物，但不要採用含高量精製糖的食物。
- 低鹽的原則很重要——鹽會使骨鈣流失，在瑜伽飲食原則中，任何年紀女性的飲食在調理時，都不宜再額外添加鹽。35歲以上的男性亦然。
- 食用乳製品可以提供蛋白質及得到其中所含的「火」（熱能）。
- 一定要以愛與關懷來製備食物。

最重要的原則當然就是「不食肉」。一般認為，當動物被宰殺時，牠的恐懼會進到肉體中；因此，食用肉品就會將伴隨屠殺時的暴力與恐懼全吃進我們的體內。根據科學研究，動物肉中的蛋白質在死亡的當下，就開始分解產生腐敗。肉類腐敗會釋放毒性副產物，一旦進入食用者的肝臟，則造成全身的負擔；蔬菜則不然，不會產生這類的分解現象。

肉類還會產生酸性物質及含高量膽固醇，更令人擔心的是，集中飼養動物的飼料中，常添加了荷爾蒙與抗生素；這些物質會殘留在動物體內，隨著人類消費這些肉品的同時，也進了人類的體內。

而瑜伽修習中最重要的觀念之一是不批評，因此不要覺得是因為外界壓力而被迫放棄肉食。如果你遵循瑜伽的戒律，那麼非暴力的原則自然會杜絕殺害動物作為食物的行為。假如你將瑜伽落實到訓練之中，那麼任何飲食上的修正，都自然會走向促進身體健康的原則。

就算捨棄肉類、加工食品、富含高膽固醇及加鹽的食物，仍有許多食物可以使我們吃得健康。事實上，無肉飲食如果忽略攝取足夠的蛋白質，或是以精製的低蛋白質含量之非肉類食品（諸如白麵包與餅乾）作為主要食物，仍可能對身體有害。

在阿育吠陀這門源自數千年前印度的治療科學中，認為食物可分為六種味道。根據阿育吠陀醫學的原則，要保持飲食的均衡就必須以適當的量來涵蓋所有六味。每一味對產生三大能量（或稱doshas）有其特殊的作用，這三種能量就是風（Vata）、火（Pitta）、土（Kapha），三者控制了我們心理與生理的反應。食物被攝入體內並消化後，食物的味道並不會因而消失，而是繼續影響生理和情緒的平衡。此六味指的是甜、酸、鹹、辣、苦、澀。每一種味道都是由二至五種自然界元素合併而成，也就是氣、土、天、火，以及水。

其實有許多談論結合阿育吠陀醫學與食物關係的經典書籍，但在本章中，我們只舉一個例子說明，一種食物中的特殊元素是如何產生對身體的影響。

舉水果的例子來說，充滿了「氣」的元素，因為水果生長在高樹上或是灌木叢裡，在空氣中搖曳，隨風起舞。如果吃了許多水果，就會在腸道中產生大量的「氣」，這麼一來就會造成腸道與身體其他部位的疼痛。在部分東方文化中，女人在生命中易受傷害的時期，例如剛生產完之時，

是不可以吃含氣太多的食物，而應該吃溫性的食物，諸如芝麻油及新鮮的薑。

我們所吃的食物就和宇宙中萬物一般，受到

阿育吠陀（Ayurveda）一字由兩個梵文組成——「Ayu」意謂「生命」，而「Veda」指的是「從……來的知識」。因此，阿育吠陀的意思就是「認識生命」。

三種主要的力量影響，即所謂的「屬性」。和現代科學家不同的是，瑜伽行者們對食物中的化學成分並不感興趣。他們重視的是，根據三種屬性對身與心的影響所做的食物分類：

- 淨化（Sattva，指悅性食物）——具有愛、光明和生命的特性。
- 能量（Raja，指變性食物）——具有動力、熱情的特性。
- 沈重（Tamas，指惰性食物）——具有灰暗和懶惰的特性。

每一種食物都具特有的屬性。悅性食物是指新鮮、純淨、未經加工的食物，如生長及成熟的過程，均不使用任何化學性肥料的新鮮水果與蔬菜。

然而，像蘑菇，由於生長在陰暗處，靠腐殖材料生長，因此接受了沈重的特性而成了惰性食物。接受太多惰性食物會使人覺得昏沈無朝氣及缺乏活力。

洋蔥及辣椒都是非常辛辣的食物，因此屬於變性食物。一般認為，如果食用過多變性食物，會刺激人的情緒，煽動心中的火，並激起強烈的情感。正因為如此，在印度傳統上主張寡婦不要吃辛辣的菜餚。

前面曾提過，與其他瑜伽修習方式不同的是，靈量瑜伽相信這三種根類植物的力量。瑜伽行者巴贊在被問到具生命力的人生時提道：「大蒜、洋蔥與薑，這三種根類可使你此生時時刻刻保持活力。」因此我們經常採用這三種活力食材於烹調中。

然而，食物的特性會受到其它因素改變，尤其烹飪方式是最常見的原因。比方說，穀類在經過烹調後會變成悅性食物，充滿了能量。而蜂蜜在烹調時會轉成惰性食物，產生對身體有害的物質。除了烹調，與其他食材及香料混合，或者經過長時間的貯藏，也可以改變食物的特性，一般而言，穀類應經過短暫的熟成過程才可以變得更具悅性，但水果則不然，因為水果會腐爛而成了惰性食物。因此，最好將大量新鮮、有機的蔬果單獨調理，以避免因過度烹飪或加入太多的添加物而破壞了品質。

用心調理，並將愛與生命力注入食物中；這是靈量瑜伽烹飪法的首要原則，也是本書重要的宗旨。身體是靈魂的棲身處，prana指的就是生命力，就是可以穿透宇宙中每一個原子的無形能量。瑜伽行者巴贊認為：「我們和神之間的連繫就是稱為生命力的光。」

如果你毫無由來地覺得厭煩與疲倦，那你就需要吃更多具生命力的食物，超過你所消耗的部分，讓多餘的能量填補身體的不足。藉著新鮮易消化的食材，可確保身體獲得最多的生命力。

在錫克教的教義裡，與其後的靈量瑜伽中，「自由開放的廚房」是瑜伽傳統中重要的一部分。不分男女，大家在一起為群眾準備餐食，無論是切蔬菜、揉烤餅或是攪動咖哩時，透過食物，表達了他們的愛與奉獻。以愛與奉獻調理出來的食物極為美味，不僅是因為昂貴的食材與煞費苦心的製備過程，更重要的是因為食物裡含有光、好的能量與意志，以及咒語的力量。用心去烹調，你將會發現成果是多麼地不同。

以上都是本書將要教給你的烹調方式，用手指和手；用感覺和靈量瑜伽的指導原則。捨棄量杯、量匙與任何廚房用秤量工具，鼓勵你用直覺去烹調。不要固守一成不變的指南，應該去觸摸、去聞食材，跟著你的感覺走，相信自己的直覺。創新是靈量瑜伽的一部分，這也是個人感覺的過程，在這裡你會得到屬於自己的成就感。

以心和雙手烹調

以心和雙手烹調之妙，就在於每一次成品的風味都不甚相同；這其中含有重要的瑜伽哲理，那就是不要太在意成果或結局。就像生命一樣，烹調是一次旅程，不是目的地。太在意成果就會使自我成長受限。實踐靈量瑜伽的烹調方式就如同實踐生命一般，也就是用笑和愛把握當下，並接受一切視為神的恩典。

當練習靈量瑜伽時，唱誦會在本書中產生強有力的影響。許多食譜都伴有建議的咒語，供製備烹調菜餚時唱誦。咒語是一種聲音的「科學」，以一串特殊的文字喚起正面的能量。如果在烹調時唱誦，就可以將這些能量及心靈的投射灌注到食物之中，然後在食用時就可以和身體合而為一；這將形成強大的影響力。

我們也相信每一個人都具有觸摸治療的天生能力，這也是為什麼我們期望每一次烹調都用你的雙手。如果你不習慣以手及直覺調理食物，我們針對食譜中的主要材料，整理了一份相當於公制及英制單位的重量與體積測量表，可以幫助你建立信心。無論如何，我們希望你可以很快地就建立自信而勇於嘗試，不再需要藉助這些參考資料。

在這些食譜中，不但鼓勵你用雙手來量取材料，也對攪拌的方式有所建議，而主張混合及烹調的次數或時間也很特別。也許有人會覺得很怪

可帶來能量的烹調技巧

在許多食譜中，我們很強調材料的攪拌次數或是燉煮的時間；這是因為靈量瑜伽中認為某些數字特別具有力量。此外，我們也建議在攪拌、添加或點綴、甚至在將食材切雕特別形狀時能加上些運動。這些作法在靈量瑜伽的觀點中，都是增加創造性的經驗。

數字的意義

- **3**：代表正面積極的心靈；屬性的總數；生命層次的數字——情緒／心理、生理與聖靈（即心、身、靈）。
- **11**：代表宇宙唯一的主宰、造物主及萬物。與聖靈的智慧相通，且前面十個體（具有身、心、能）合而為一的結果。
- **22**：在靜坐冥想時，數字「22」包含了負面、正面及中道的心理，因此，合在一起代表了平衡與和諧。

- **31**：在靜坐冥想時，數字「31」可影響身體的節奏及每一個細胞；在烹調時可影響成分。此外，「31」亦會影響心理的投射——3＋1得到4，也就是代表靜坐冥想的心。
- **62**：6＋2就是8，而「8」代表著治療，也代表無限之意。

運動

代表無限的動作：無論何時何地，以畫「8」的方式運動身體，因為「8」可牽動與以心為主的修習及土星的關係。

- **圓形**：一個圓接著一個圓，形成從基礎到無限的能量漩渦。也代表著出生、一輩子、死亡、再出生（Saa、Taa、Naa、Maa，即birth、life、death、rebirth）的循環。
- **三角形**：身體結合了兩個三角形，即下三角形（第1、2、3個輪穴）及上三角形（第5、6、7個輪穴）。

異，但其實這都是有用意的。例如，在攪拌時，可能會要求你「依據無限大的符號做攪拌動作」，也就是以畫數字「8」的方式為之。之所以如此，是因為數字「8」與以心為主的練習及土星有關。土星所代表的是嚴格的老師、業力（karma）的定律、擔負責任與承接義務的勇氣。

量取食材的方式

扣住雙手手指成特定姿勢，可使能量匯聚並反射至腦中──這是藉用手指串連身與心的方式。因此，以雙手進行烹調是極有益的事。

單手：

指雙手重疊弓起成一個單手杯狀。

雙手：

這個大杯需由兩隻手一起完成。雙手必須併攏，手指部分重疊。這個姿勢也就是Gurprasaad手印（見p.140）。如果是要量取液體材料，可以請求家人或朋友將液體倒入你已弓成杯狀的雙手中，此時手指將體會到液體流過手中及波動的感受。如果只有你自己一人在烹調，就直接用合成杯狀的雙手去量取液體或乾的食材。

捏取（只用姆指和食指捏一小撮）：

就是以姆指和食指取用一點點的材料。這個動作和Gyan手印相同（見p.140）。烹調時，我們很常用這個手印，這個方式可將安定的力量灌注到食物中。

抓取（用全部手指抓一撮）：

運用所有手指的指尖一起取用材料的動作，就像是螳螂手印（*Praying Mantis Mudra*）（見p.140）。這個手印強調融合自然界五大元素──即土、天、水、火，以及氣。

輕灑：

以姆指和小指取用香料。常用於供食之前的調味。這個動作就是菩提手印（*Buddhi Mudra*）（見p.140）。

- 輕灑（Sprinkle）：用姆指和小指
- 捏取（Samll gyan pinch）：用姆指和食指
- 抓取（Mudra pinch）：所有的手指一起參與
- 單手（Single handful）：單手弓成杯狀
- 雙手（Double handful）：雙手併合成杯狀

在烹調時你可以根據所需的材料量、對食物的直覺，以及想要的口味輕重，隨意採用任一手印姿勢。如果要輕灑材料，其實還有其他的方式，一種是Shuni手印，也就是用姆指和中指的指尖去捏取；另一種是Surya手印，就是用姆指和無名指的指尖去捏取（見p.140）。

為了使吃的感受更愉悅，你也可以採用這些不同的手印去取用想吃的食物。

靈量瑜伽對食材的量取方法

我們鼓勵你用雙手烹調，因此，本書的所有食譜均要求你以雙手、抓取、捏取或輕灑的方式來取用材料（見前文所述）。本表將書中食譜常用的食材列出，方便你了解以手量取的量相當於多少測量單位。這個對照表經過調整略有正負差。如果要加倍或減量可考慮改用單手或雙手，但請記住，這是一個原則而已。希望你能很快地依據自己的直覺建立自信，從此只想憑藉雙手，發揮創造性去隨心所欲調整食譜。

1份的捏取	約為1/2茶匙
1份的抓取	約為1茶匙
3份的抓取	約為1大匙
紅豆（Aduki beans）	2份單手量約為1/2杯或80克或2＋3/4盎斯（oz）
莧米，又名籽粒莧或千穗穀（Amaranth）	2份單手量約為1/2杯或100克或3＋1/2盎斯
印度香米（Basmati rice）	2份單手量約為1/2杯或90克或3盎斯
米豆，又名眉豆（Black eye beans）	2份單手量約為1/2杯或85克或3盎斯
蕎麥（Buckwheat）	2份單手量約為1/2杯或100克或3＋1/2盎斯
碎小麥（Bulghur wheat）	2份單手量約為1/2杯或100克或3＋1/2盎斯
角豆粉（Carob powder）	2份單手量約為1/2杯或80克或2＋3/4盎斯
生的鷹嘴豆，又名雞豆或埃及豆（Chickpeas-raw）	2份單手量約為1/2杯或125克或4＋1/4盎斯
椰奶（Coconut milk）	2份雙手量約為1杯或250毫升或8液量盎斯（fl oz）
乾椰絲（Desiccated coconut）	2份單手量約為1/2杯或75克或2＋3/4盎斯
亞麻籽（Flax seeds）	2份單手量約為1/2杯或50克或1＋3/4盎斯
印度烹飪用奶油（Ghee）	1份單手量約為1/4杯或60克或2盎斯
生命之水（Healing water）	2份雙手量約為1杯或250毫升或8液量盎斯（fl oz）
扁豆（Lentils）	2份單手量約為1/2杯或100克或3＋1/2盎斯
牛奶（Milk）	1份雙手量約為1/2杯或125毫升或4液量盎斯
小米（Millet）	2份單手量約為1/2杯或80克或2＋3/4盎斯
生的綠豆（Mung beans-raw）	2份單手量約為1/2杯或100克或3＋1/2盎斯
發芽的綠豆（Mung beans-sprouted）	2份單手量約為1/2杯或80克或2＋3/4盎斯
綜合堅果	2份單手量約為1/2杯或60克或2盎斯
油脂－橄欖油、芥花油（Canola oil）	1份雙手量約為1/2杯或125毫升或4液量盎斯
玉米粉（Polenta/cornmeal）	2份單手量約為1/2杯或120克或4盎斯
南瓜子（Pumpkin seeds）	1份單手量約為1/4杯或35克或2＋1/4盎斯
藜麥，又名小小米（Quinoa）	2份單手量約為1/2杯或90克或3盎斯
米磨成的粉（Rice flour）	1份單手量約為1/4杯或40克或1＋1/3盎斯
芝麻（Sesame seeds）	1份單手量約為1/8杯或15克或4＋1/2盎斯
黃豆（Soya beans）	2份單手量約為1/2杯或80克或2＋3/4盎斯
豆漿和米漿（Soya and Rice milk）	2份雙手量約為1杯或250毫升或8液量盎斯
高湯（Stock）	2份雙手量約為1杯或250毫升或8液量盎斯
葵花子（Sunflower seeds）	1份單手量約為1/4杯或40克或1＋1/3盎斯
芝麻醬（Tahini paste）	2份單手量約為1/2杯或135克或4＋3/4盎斯
豆腐一小塊（Tofu-small block）	約為180克或6＋1/3盎斯
豆腐一大塊（Tofu-large block）	約為450克或1磅
全麥麵粉（Wholewheat flour）	2份單手量約為1/2杯或120克或4盎斯

建議的食物

- 各種供應方式的新鮮、甜美水果，最好是整顆現切現吃。
- 全穀類，例如米、藜麥、小麥和燕麥。
- 各種豆類，例如綠豆、紅豆和黃豆。
- 生的各種堅果與種子，例如杏仁、腰果、核桃、胡桃；葵花子、南瓜子、芝麻。
- 天然的糖，例如棕櫚糖（未經精製的糖）、蜂蜜、楓糖漿及糖蜜（molasses）。
- 各種香草與香料，包括羅勒（basil）、小豆蔻（cardamom）、肉桂（cinnamon）、芫荽（coriander）、小茴香（cumin）、茴香（fennel）、格蘭馬撒拉綜合香料（garam masala）（印度特有的綜合香辛料）、薑（ginger）、薄荷（mint）、薑黃（turmeric）。
- 香草茶、自然水及各種新鮮果汁，尤其是柑橘屬的水果。
- 以愛與意念製備的食物。

建議應避免的食物與物質

- 肉類、魚類與蛋類。
- 人工製造、加工的食品及垃圾食物。
- 罐頭食品，除了以天然方式裝罐保存的水果與番茄。
- 動物性脂肪、乳瑪琳（margarine，即人造奶油），以及品質差的油類。
- 養殖廠生產的乳製品。
- 油炸食品。
- 精製食品，例如白糖與白麵粉。
- 人工甜味劑。
- 舊的、不新鮮的、過度加熱及再次加熱的食物。
- 酒精、菸草，以及所有刺激性物品。
- 自來水與人工飲料。
- 微波過的食品及以放射線處理過的食品（例如紫外線殺菌）。
- 經基因改造的食品。
- 在吵雜的環境中進食，或是進食的速度太快。

依親友人數增減

食物應是和眾人一起分享的，且這也是靈量瑜伽文化很重要的一部分。一般來說，一次單手量的米、綠豆和豆類剛好是二到四人份，就看和什麼材料一起烹煮。一次雙手量或是二次單手量的蔬菜，可以供給四個人享用，不過，份量的拿捏可隨自己的烹調經驗及內在智慧調整。讓心中的光給你指引，食物將會美味又健康。

本書所有的食譜除了特別註明的之外，都是以四人份為主，因此如果供餐人數不同，可以隨意自由增減。

主要的食譜

　　在我們的食譜裡，我們收錄了部分常用的「特別品」，包括生命之水、瑜伽茶、傳統的或快速即食的食譜，及瑜伽香料。這些強調用手調理的食譜，使烹調出的食物增添了額外的風味與能量。

生命之水（Healing water）

　　當進行烹調時，水是對能量最敏感的物質之一；咒語的力量，以及當我們靜坐冥想時的投射，都會對身體內的水產生正面的影響。食譜中建議的生命之水，是藉由唱誦及冥想創造出來的，具有極大的能量。

　　我們建議的食譜是來自一位「艾克翁卡辛」(也是本書作者之一)採用多年且容易製作的菜餚。在他的廚房中永遠都有一個玻璃罐裝滿著生命之水，不但用來烹調也作飲水之用，此外，也用來幫助那些不易進行靜坐冥想的人，以及給小孩和意圖尋求片刻安寧的人。

材料：
- 礦泉水、泉水或過濾水
- 一個大玻璃罐

- 將一個大玻璃罐裝滿水，然後準備加持。下面列出建議加持時的咒語，但你也可以採用你自己想用的咒語。
- 將咒語寫在小紙片，然後貼在玻璃罐上，或是直接以油性筆寫在罐子外面也可以。

Love, light, Peace（愛、光明、和平）
Cosmic, Infinite, God（宇宙、永恆、神）
Healthy, Happy, Holy（健康、快樂、聖潔）
Sa Ta Na Ma
Ra Ma Da Sa
Sa Say So Hung
Harmony, Balance, Alignment（和諧、平衡、結合）

- 在靜坐冥想時，將這罐水放在你周圍。在你結束靜坐之後用雙手握住罐子，將具有療能的強大生命力透過雙手傳給它。
- 每一次加水至罐中，以一手做輕握拳狀去混合水，再用另一手食指以順時針方向去攪拌水以使水中央形成漩渦。在此同時，以單音調唱誦咒語三次。
- 為了強化某一個輪穴，可以在罐上貼適當的有色標籤，當你不再需要強化該輪穴時再將標籤移除。此時的水含有所有的顏色，成一完全平衡的狀態，也就是所有顏色融合為純淨的白。
- 建議你最好用生命之水來烹調食物；不過，如果沒有生命之水，以礦泉水、山泉水或是過濾水也可以。

Sat Nam

瑜伽茶（Yogi tea）

瑜伽茶對血液、大腸、神經系統及骨骼都有益，且因為含有新鮮的薑和香料，因此也對頭風、感冒有效，也可使身體溫暖，並加速排毒。此瑜伽茶的原始配方來自瑜伽行者巴贊，是一種美味、有效力、使人通體舒暢的飲品。

材料：

· 10份雙手量的生命之水
· 8片新鮮薑片，切成薑末
· 12顆丁香
· 16顆帶莢小豆蔻，壓碎
· 16顆曬乾的黑胡椒粒
· 2根肉桂棒
· 4個紅茶包
· 1份單手量的牛奶或豆漿(非必須的)
· 適量蜂蜜(非必須的)

備註：
2份雙手量的液體約為250毫升，或8液量盎斯，或1杯

作法：

* 將水倒進在平底鍋中煮沸，然後加入所有的香料。蓋上蓋子以小火燜15至20分鐘成香料水。
* 關掉爐火，加入茶包，讓茶包在香料水中浸泡1至2分鐘。如果喜歡牛奶和蜂蜜者，就在此時加入，再打開爐火煮沸後立即熄火。
* 將香料渣濾除後供應。

Sat Nam

快速即食瑜伽茶（Instant yogi tea ）

以傳統方式製作瑜伽茶充滿了趣味，然而，耗時耗工。這個快速的作法，透過溶解磨碎的粉狀香料，讓你可快速地沖泡瑜伽茶，隨時隨地方便你自己或和朋友立即享用。

材料：

· 1份單手量肉桂粉
· 1塊手指大小新鮮薑，磨碎
· 1份抓取量的磨碎小豆蔻
· 1份捏取量的磨碎丁香
· 1份捏取量的磨碎黑胡椒

作法：

· 將所有香料粉末混合，放入玻璃容器中加蓋鎖緊。置放在陰涼乾燥處。
· 以沖泡即溶咖啡的方式沖調瑜伽茶。將一茶匙的香料粉末放入一杯沸騰的生命之水中。如果想喝甜味，也可加蜂蜜和牛奶或豆漿。充分攪拌並濾出香料渣，就像濾出現煮咖啡渣一般。在飲用時，要帶著幸福、健康與聖潔的心情享用。

Sat Nam

瑜伽高湯塊（Yogic stock cubes）

以生命之水製成的有機瑜伽蔬菜高湯非常受人喜愛，可以用來取代市售的乾燥高湯塊。當高湯煮好後，放涼，再倒入製冰盒中，放入冰箱貯存，待需要時再取出。每次只要用1至2塊或按食譜指示。

材料：
- 生命之水（見p.24）
- 5顆大洋蔥，切小丁
- 5瓣大蒜，切碎
- 1塊手指大小新鮮薑，磨碎
- 5條胡蘿蔔，去皮後切碎
- 3顆大番茄
- 4根芹菜莖
- 1根歐洲防風草根（parsnip）
- 1根巴西利根（又名洋香菜根，即parsley root）
- 1份單手量的新鮮巴西利，切碎
- 1片月桂葉
- 1份抓取量的乾燥巴西利
- 1份抓取量的芹菜粉
- 1小方塊的昆布（大姆指甲大小）
- 1顆檸檬皮，磨碎
- 3顆曬乾的黑胡椒粒
- 1份捏取量的海鹽

作法：
- 在深鍋中加入30份雙手量的生命之水（約為6公升／12品脫），再加入所有的材料。
- 放在爐火上煮滾後，轉為小火，繼續燉煮31分鐘。放涼後再放入食物調理機（或果汁機），帶著微笑將湯與料一起攪碎至均勻狀。過濾後將湯汁倒入製冰盒放入冰箱冷凍。所製高湯塊在冷凍庫中最長可保存80天。

Sat Nam

瑜伽香料（Yogic spice）

這是可取代格蘭馬撒拉綜合香料的選擇，常用於瑜伽及印度美食中。瑜伽香料可使每一道菜呈現與眾不同的風味，而磨碎的香料可強化你的耐力，並且促進健康。

材料：
- 1份單手量的磨碎小茴香
- 1份單手量的磨碎芫荽
- 1份單手量的磨碎薑末
- 1份單手量的乾黑胡椒粒
- 1份單手量的磨碎小豆蔻
- 1份單手量的薑黃
- 1/2份單手量的肉桂
- 1/2份單手量的丁香粉
- 3份抓取量的壓碎或粉狀的月桂葉

作法：
- 將所有材料混合均勻，置入玻璃瓶中密封，存放於陰涼避光處。需要時取用。

Sat Nam

上圖：青辣椒扁豆湯
下圖：聖潔菠菜香草沙拉

Chapter 3

綠色飲食

使細胞更新並激發能量

瑜伽行者巴贊給靈量瑜伽帶來綠色飲食的觀念，是為了淨化身體，因此，飲食必須採用新鮮、純淨、未加工處理過的食材。在所有的蔬菜中，綠色蔬菜提供了最豐富的生命力及最珍貴的營養素，堪稱為「超級食物」；當你的飲食以這類食材為主時，會供給身體巨大的能量。

當你採用這種飲食時，可以選用任何混合食材，只要遵守所有食材必須是綠色的原則即可，愈是深綠色的食材，就愈營養。這是因為含有更多有益的維生素與礦物質，尤其是維生素A、植物營養素與類胡蘿蔔素。為了使綠色飲食擁有更多的能量，本章中的食譜多採用生食或只採用必要的烹調；這樣可以確保所有食材保留豐富的酵素和氧氣，避免因烹調而耗損。

由於身體每天都需要一定量的胺基酸（建構蛋白質的基本單位）、礦物質與維生素，因此要盡可能採用多種不同的「綠色食材」。萵苣？小黃瓜？不！不只是這樣！我們並不是說不要吃這些蔬菜，雖然這些都對身體很好，但我們希望你能夠更開放心胸接納其他不同的食材，接觸更多美妙的「綠色食物」，相信你一定會愛上這種飲食。準備好，就開始吧！在連續幾天採用綠色飲食後，糞便會帶有些微綠色，如果你很健康就不用擔心，但是，請記住，在開始任何特別飲食之前應該要先詢問家庭醫師。

在進行綠色飲食的同時，我們建議喝綠茶。綠茶含有一種稱為「多酚」的強效抗氧化物，具有抗癌與預防心臟疾病的功效。

談到飲品，不要忘了還有新鮮蔬果汁。自己動手製作新鮮的蔬果汁，使我們很容易獲得豐富的「綠色食物」，且使生活充滿樂趣。本書只收納一份蔬果汁食譜，因為我們相信蔬果汁是表現你創意的好方式。動手試試看吧！試著在蔬果汁裡加入螺旋藻和綠藻，這些在市面上都可找到乾燥粉狀的產品。這兩種藻類和綠色飲食是絕妙組合，因為它們容易被腸胃吸收，且充滿生命力及豐富的營養素。

嚴格遵循綠色飲食四十天，你會看到自己脫胎換骨，變得活力十足。假使你只想改善目前的飲食，只要多選擇深綠色的蔬果，也會獲得健康上的好處。

靈量瑜伽和綠色飲食

「所有存在三重天的萬物，都受到生命力的支配。就像母親保護孩子，哦！生命力，保護著我們並給我們光輝與智慧。」

—— Prashna 奧義書 II.13

綠色飲食非常強調「prana」，也就是生命力，而靈量瑜伽特別注重如何管理和掌控生命力。生命力是首要的能量來源，可以保持身體存活與健康。沒有了生命力，身體只是行屍走肉。生命力的重要來源之一就是食物，含有最豐富生命力的食物就是純淨、不過度烹調且不過度加工的飲食。至於肉類呢？要消化肉類需要更多的能量，可能使得到的能量為零，甚至可能為負。

飲食中完全只有綠色水果及蔬菜，可以帶給身體需要的生命力，淨化我們並提昇心靈。在執行綠色飲食時配合規律的瑜伽體位法（asana）與瑜伽呼吸法（pranayama），能夠產生更多的生命力，帶給身體更多的活力與力量。

綠色也是心輪（heart chakra）的顏色。因此，當心變得更活躍時，就能夠敞開胸懷去愛、關懷、信賴及接納。

感受生命力

靈量瑜伽給人的印象常與盤捲的蛇有關，然而kundalini一詞的意義實際上是「盤繞成一圈的至愛之人的頭髮」。這是以較富想像力的說法，來形容存在我們每一個人身上的能量匯流及意識。

Prana指的是生命力，而Apana指的是消除力。當這兩種相反的力量同時用於起源古老而經過創新的靈量瑜伽技巧時，可形成一種力量，使靈性能量自脊椎底部升起。這股靈性能量經過了中脈（sushumna，即中樞神經），直達較高位的輪穴，使心靈與環境合而為一。

為了感受洶湧的生命力，可以舒適地坐著，將背打直，聆聽自己的呼吸，並在練習鎖住海底輪（Root Lock）、提昇能量時靜靜冥想。要這麼做，你首先要找到肚子中心點的位置，它就在肚臍下方三指寬之處。然後，收緊你的肛門括約肌，將它向上提並向內縮，將力量導向肚子中心點；接著，再收緊性器官附近的肌肉向上提至肚子中心點。最後，將下腹部肌肉也拉至這個點。這就是「鎖住海底輪」。

接著，深深地吸入生命力，直達肚子中心點，並將消除力藉由鎖住海底輪向上提昇至肚子中心點。如此可促進這兩種不同的力量混合。

再下來做火焰呼吸法（Breath of Fire），這是以背脊打直的坐姿進行的。重點在同樣地吸氣和呼氣，也就是以鼻子用力吸氣後，也用鼻子呼氣；當呼氣時，自肚子將氣吐出，必須運動到上腹部和橫隔膜。這是一個連續的呼吸動作，做的時候必須放鬆臉和身體。開始時慢慢進行，當你習慣這種節奏後，再試著每秒二至三次用力呼吸。火焰呼吸法的初學者每次只要進行三十秒即可，慢慢進步後，最多可進行十一分鐘。在月經期間或懷孕時要避免練習火焰呼吸法，除非你已是熟練的資深者。在此情況下，雖可進行練習，但只要輕輕地移動肚子即可。

Vand chakna 酪梨沙拉醬（Vand chakna guacamole）

Vand Chakna是指坐在一起享用食物，也是修習心靈的法門教義之一。依據瑜伽行者巴贊的說法，在錫克教的生活方式中並沒有開放式的公共廚房，也沒有寺廟可供敬神禮拜。

分享是我們敬神的重要方式，由一個人準備菜餚供大家分享。分享及供養是實際的心靈修為，而酪梨沙拉醬是極佳的選擇，你可以將這份美食傳遞給餐桌上每個人，而每個人都會沈浸於美味之中。

材料：
- 2顆大酪梨，切丁
- 1/4根青蔥，切丁
- 2份單手量的新鮮巴西利，切碎
- 1小根青色辣椒，切細丁
- 1顆綠番茄，切丁
- 2顆萊姆，榨汁(依個人口味調整用量)
- 2顆青椒
- 青色橄欖（裝飾用）
- 綜合新鮮香草（裝飾用）
- 依個人喜好選擇沙拉菜（非必須的）

常備材料：
- 青橄欖油

作法：
- 用食物調理機將酪梨和2份單手量的橄欖油一起打碎至鬆軟狀。
- 除青椒和裝飾用材料外，將其他材料加入繼續打至糊狀。如果喜歡辣味，可以多加一些青色的辣椒。
- 青椒從頂部橫切並去籽。把酪梨沙拉醬裝入青椒中。
- 橄欖去籽後切片，綜合香草切碎，擺在青椒上裝飾。以綜合沙拉菜或口袋麵包（pitta bread）一起供應。

Sat Nam

綠花椰沙拉醬（Broccamole）

阿芝特克語（the Aztec）的酪梨叫做「ahuacatl」，意思是指睪丸。在過去，酪梨一直被認為可以增強性能力，到後來，不願因性而被污名化的人都不再買或吃酪梨。因此，如果你想要做一道比較不易和性有所聯想的酪梨沙拉醬（所含的脂肪量也比較少），可以用綠花椰沙拉醬代替。綠花椰菜含有豐富的維生素C、維生素A及多種礦物質，同時，也富含膳食纖維和蛋白質，因此，綠花椰沙拉醬可說是營養、健康又易於製備的食品。

材料：
- 2份單手量的綠花椰莖
- 1小根青色辣椒，切薄片
- 1顆萊姆，榨汁
- 1瓣大蒜，壓碎
- 1小顆綠番茄，切丁
- 3根青蔥，切成細細的蔥花

常備材料：
- 乾的小茴香

作法：
- 將綠花椰莖蒸熟（勿蒸過熟），然後仔細剝乾淨外皮。
- 放入食物調理機中，加入青色辣椒、萊姆汁、大蒜和1份抓取量乾的小茴香，打成平滑泥狀。
- 將打好的混合醬用湯匙盛入玻璃碗中，再拌入切丁的番茄和蔥花。
- 放入冰箱冷藏，供應時再配上綠色沙拉菜一起享用。

Sat Nam

海底輪燉菜（Base chakra stew）

材料：
- 2份雙手量的綠豆
- 1個大的青椒，切丁
- 2個綠皮胡瓜
  （courgette，即zuc-
  chini），切片
- 2根芹菜（不要葉），切
  片
- 1小把青蔥，切碎

常備材料：
- 乾的月桂葉
- 乾的羅勒
- 帶莢小豆蔻
- 小茴香子
- 生命之水
- 青橄欖油
- 海苔片

雖然與海底輪（即底部的輪穴，也就是根輪穴）相關的顏色為紅色，然而綠色飲食亦具有溫暖這個輪穴的作用，能帶給你舒適和愛的感受。海底輪是靈性能量的發源處。藉由練習mool bandh，也就是鎖住海底輪（Root Lock），你關閉了位於下方的三個輪穴，如此能量就不會從脊椎的底部散失。

在似冬天寒涼的晚上吃這道燉菜，你會感到一股溫流自底部升起，全身沈浸於溫暖之中。

作法：
- 將綠豆放在碗中，加水浸泡一夜。
- 綠豆瀝乾後煮1小時，或是至煮熟即可，要保留一點硬硬的口感。
- 在大平底鍋中，乾烤青椒和綠皮胡瓜，直到微焦。加入芹菜再翻烤至熟而有嚼勁。
- 加1份抓取量的小茴香子，5份捏取量的乾羅勒，及4或5個帶莢小荳蔻。翻炒數分鐘，在翻炒時，向上提昇海底輪。加入兩片月桂葉和足量的生命之水，煮成湯狀。
- 加入煮好的綠豆，如果水不夠覆蓋所有材料，就再加些水。煮半小時，要注意時時保持水量蓋過所有材料。煮好後，供應前再加入切碎的青蔥拌勻。
- 供應這道菜時，以漩渦式淋上些許青橄欖油和大量的海苔片。趁熱供應。

Sat Nam

辣味菠菜煎餅（Spicy spinach panckes）

材料：
- 1小條小黃瓜，磨碎
- 1大把菠菜
- 2份雙手量的米粉
  （米磨的粉）
- 1份雙手量的米漿
- 1份單手量的乾椰子絲
- 3個微辣的青色辣椒，
  細細切碎
- 1塊姆指大小新鮮的
  薑，磨碎

常備材料：
- 鹽
- 糖
- 青橄欖油
- 生命之水

製作煎餅是一種非常滋養的活動，因為當專心調製配方時，你的生命力和愉悅思維就灌注到食物之中。因此，當以愛、溫馨、情感、友誼製作這道美食時，也同樣放進了對未來的祝福。當家人和親友享用這道煎餅時，同時也得到了這些美意。

這道美食選用了米漿、米粉和椰子絲，因此，不算是完全的綠色菜餚。之所以仍收錄在本章中，因為它和本章另一道美食五聖秋葵非常相配。

作法：
- 將小黃瓜磨碎，並將菠菜細細切碎。
- 加入米粉、米漿、椰子絲、辣椒和磨碎的薑，以及各1小份捏取量的鹽和糖，最後以漩渦狀淋上2或3圈橄欖油。
- 充分拌勻後再加入生命之水。先加1份雙手量，再視情形慢慢添加，調出濃稠的煎餅糊。放置15至20分鐘。
- 以手將煎餅糊做出圓餅狀，將多餘的水分擠出。
- 將平底不沾鍋加熱，鍋熱後再放入塑好形狀的生煎餅糊，用手指重覆按壓，使煎餅糊展開，保持約1公分（約1/2英吋）左右的厚度。
- 煎至底面不再有水分流出，翻面再煎約3分鐘。
- 供餐時，趁熱和其他餐食一起供應，或是隨時作為點心之用。

Sat Nam

聖潔菠菜香草沙拉（Holy spinach and herb salad）

材料：
- 3份雙手量的嫩菠菜葉（baby spinach）
- 1小把新鮮巴西利
- 1小把新鮮芫荽
- 1小把新鮮羅勒
- 1份雙手量的甜荷蘭豆（sugar snap pea）
- 1顆酪梨，切成半月形的薄片
- 1顆檸檬，榨汁

常備材料：
- 青橄欖油
- 天然釀造大豆醬油
- 海鹽

（圖見p.28）

這道菜充滿了新鮮和活力，適合每天食用。建議你在調製這道沙拉時唱誦 *Ang Sang Wahe Guru*，將這個咒語的能量灌注至食物之中。Wahe Guru的意思是「祂的智慧遠超過言語所能形容」。而咒語 *Ang Sang Wahe Guru* 的意思是「存在宇宙中的活力與充滿生氣的歡欣，來自體內每一個細胞的活躍。」唱誦這個咒語時，應以開放的心胸去接受所產生的能量。

作法：
- 將菠菜略蒸，使葉子軟化即可。
- 用手撕各種新鮮的香草，並和菠菜徹底拌勻，後撒上甜荷蘭豆。
- 加上切好的酪梨片，並依無限大符號（∞）的形狀淋上三圈橄欖油。直接將檸檬汁擠在沙拉上，再加上天然釀造大豆醬油或海鹽調至合適的口味。
- 帶著微笑享用。這道沙拉可作為正餐之用，亦可作為配菜。

Sat Nam

青辣椒扁豆湯（Green chilli and lentil soup）

材料：
- 2份雙手量的綠扁豆（浸泡過或已略發芽）
- 7根芹菜（只要莖不要葉），切片
- 2根青蔥，切碎
- 7小朵綠花椰菜
- 2小根青色辣椒，切碎
- 1份單手量的新鮮芫荽，切碎

常備材料：
- 瑜伽香料（見第二章）
- 瑜伽高湯塊（見第二章）
- 天然釀造大豆醬油
- 青橄欖油

（圖見p.28）

這道湯不但可提昇能量，更具有淨化的作用，因為它含有強大的生命力（prana）與強大的消除力（apana）。綜合這兩種力量，可形成強大的壓力，可將靈性能量自海底輪提昇。建議你在準備與供應這道湯之前，各做一次「排除內在憤怒」（conquer Inner anger and Burn It Out）的靜坐冥想。

作法：
- 將扁豆泡水數小時後再用，或是直接採用發芽的扁豆。
- 在熱平底鍋中放入芹菜和青蔥，依三角形的形狀拌炒，直到蔬菜中的水分滲出。如果有需要，可以加幾滴水一起拌炒。加入綠花椰菜，繼續拌炒。
- 拌炒均勻後，加入瀝乾的扁豆、切碎的青辣椒和1份抓取量的瑜伽香料。繼續拌炒4次。此時加水，水量需為鍋中所有材料量的三倍。以手指捏碎1個高湯塊加入湯中，再加入天然釀造大豆醬油，調至合適的口味。
- 加蓋以小火燉煮至扁豆軟化。如果是未發芽的扁豆約需30至40分鐘。
- 分裝入小碗中供應，供應前每一碗都應灑上碎芫荽及以無限大符號的形狀（∞）淋上一圈青橄欖油。

Sat Nam

普羅旺斯雜燴（Ratatouille aad guray nameh）

這是一道傳統的法國菜，再加上靈性的能量。*Aad guray nameh* 是一個 *Mangala charan* 的咒語，可以消除疑慮並帶領你、保護你，使你身處人性的磁場中，受到保護之光的指引。我們經常在聚會開始時或是有人將要踏上旅程之前，唱誦這個咒語（見p.155咒語部分）。

材料：
- 1份雙手量的綠豆（浸泡過或已略發芽）
- 1顆中型綠花椰菜（只要頂部，不要莖），剝碎成小花
- 1小顆綠色包心菜，切片
- 7根芹菜（只要莖不要葉），切片
- 4瓣大蒜，壓碎
- 1份單手量的新鮮羅勒葉，撕成小塊
- 1塊姆指大小新鮮的薑，磨碎
- 3顆綠色番茄，切丁
- 1份單手量的新鮮百里香，細細切碎

非必要的材料：
- 2條綠皮胡瓜（courgette，即zucchini），切片
- 1個青椒，去籽切片

常備材料：
- 瑜伽高湯塊或有機高湯塊（見第二章）
- 海苔片
- 青橄欖油
- 茴香子

作法：
- 先將綠豆浸泡數小時，或是直接選用已略發芽的綠豆。
- 如果是採用未發芽的綠豆，在浸泡後瀝乾綠豆，放入平底鍋中加入3份雙手量的生命之水，綠豆和水的比例為1比3。放在爐火上煮開後續煮1小時30分鐘，或是煮熟即可。瀝除水分，放置一旁。
- 將綠花椰、綠包心菜、芹菜、大蒜及羅勒（羅勒只要留一點點裝飾時用）放入竹製蒸籠蒸軟。蒸籠底下的水應為所蒸的蔬菜量的一半。
- 在蒸蔬菜之時，將切好的綠皮胡瓜圓片及青椒片刷上橄欖油，並碳烤至微焦（非必要）。
- 自爐火上移開蒸籠，放置一旁。
- 將瀝乾的綠豆加入先前蒸蔬菜用的水中。將綠豆煮至軟，但不要煮至糊狀。
- 加入蒸好的蔬菜，以及薑末、綠番茄丁、百里香，和1個高湯塊。將所有食材拌勻，以畫圓方式攪拌31次，並在攪拌時唱誦咒語 *Aad Guray Nameh*。
- 盛盤後，灑上2份抓取量的海苔片及淋上2圈橄欖油再供應。如果有選用碳烤的蔬菜，就放在最上面。最後灑上剩下的新鮮羅勒葉和1小份捏取量的壓碎茴香子作為裝飾。趁熱供應。

Sat Nam

永恆神座千層麵（Zucchini akal takht）

Akal Takht意思是「永恆的神座」（Eternal Throne），指的是位在北印度旁遮普省（Punjab）的聖城安里沙（Amritsar）中世俗與宗教權威的所在地。是由第六代上師哈爾哥賓德（Hargobind）在1609年所建造。現今Akal Takht的所在地，在過去曾是上師的活動地；在這裡上師一如孩童地玩耍，也是在這裡，當父親阿堅德上師（Guru Arjan Dev）死後（在1606年），他即被任命為第六代上師。在這道美食中，千層麵形成神座，上面布滿了蔬菜與香草的精華。

材料：

- 4張義大利千層麵片
- 2把青蔥，切碎
- 3條綠皮胡瓜（cour-gette，即zucchini），切片
- 1小根微辣的青色辣椒
- 1小份單手量的青色橄欖，切片
- 1份單手量的新鮮薄荷，切碎
- 2顆萊姆，榨汁
- 6顆中型綠番茄，切片

常備材料：

- 青橄欖油
- 乾的馬鬱蘭（Marjoram）
- 乾的茴香子
- 乾的青胡椒粒，壓碎

作法：

- 烤箱預熱至180℃／350℉／gas mark 4（如為燃氣之英式烤箱則調至指標4）。
- 按照千層麵外包裝所註明的方法，煮好千層麵。
- 以中火將青蔥加上少許橄欖油炒至半透明狀。
- 加入綠皮胡瓜和1份抓取量的乾馬鬱蘭。續炒至綠皮胡瓜軟化。
- 加入辣椒、橄欖、薄荷、萊姆汁、和1份抓取量的茴香子。以壓碎的青胡椒粒依個人口味調味。續炒至所有材料都熱透。
- 在砂鍋中以一層千層麵，一層炒好的蔬菜加切片番茄的方式堆疊，第一層以千層麵作底，最上層則是綜合蔬菜。
- 放進烤箱，約烤22分鐘。
- 當食物放進烤箱時，進行淨化胃部瑜伽（見p.145），讓陽光進入體內，使能量在體量循環，準備接受這美好又健康的餐食。

Sat Nam

五聖秋葵（Panj piare okra）

Panj Piare意思是五位可愛的信徒（Five Beloved Ones），原本是指五個男子當卡爾撒教團（Khalsa）於一六九九年建造時，自願獻出其生命。今天，五個人象徵著Panj Piare，主持著卡爾撒教團的宗教儀式，舉行慶典及其他特殊場合。在本食譜裡，用到蒜苗、羅勒、蒔蘿、薄荷及青色辣椒，形成這道美食強烈而重要的風味。

材料：

- 1顆蒜頭長出的蒜苗，細細切碎
- 1小把新鮮羅勒葉，略切
- 1至2根青色辣椒，切細丁，依個人口味斟酌用量
- 4大份單手量的秋葵
- 1把新鮮薄荷，略切
- 1把新鮮蒔蘿，細細切碎

常備材料：

- 青橄欖油

作法：

- 將蒜苗、羅勒、及切碎的辣椒放入大炒鍋中，加數滴水翻炒，炒至糊狀。如果太乾，可多加些水以使其成糊狀。
- 放入秋葵，以小火翻炒，直到糊狀物減少，並黏附在秋葵上。
- 灑上新鮮薄荷和蒔蘿。淋上2圈橄欖油，並翻動一下使秋葵均勻沾上橄欖油。
- 當進行綠色飲食時，這道美食和艾克翁卡沙拉（見p.41）是絕妙組合。如果不是採行綠色飲食時，建議你可與蔬菜沙拉搭配靈量沙拉醬（見p.133）或辣味菠菜煎餅做組合（見p.33）。

Sat Nam

上圖：永恆神座千層麵
下圖：五聖秋葵

持名甘藍（Simran kale）

材料：
· 12大份單手量的甘藍
· 6顆中型綠番茄，切丁
· 2根青蔥，切丁
· 1/2個青椒，切細丁
· 1小份單手量的新鮮芫荽葉
· 1份單手量開心果（pistachio nuts），切碎

常備材料：
· 茴香子
· 海苔片
· 壓碎的胡椒粒

甘藍（kale）是最不容易令人接受的綠色蔬菜之一，因為它有種強烈的氣味。但是甘藍卻含有豐富的膳食纖維、蛋白質、維生素B1、維生素B2、葉酸、鐵、鎂、磷，與許多維生素及礦物質。雖然甘藍的營養價值極高，但如果真的不想採用甘藍，也可以改用芥藍菜（collard）、唐萵苣（chard）、甜菜葉（beet greens）、芥菜（mustard greens），或是組合以上你喜歡的蔬菜。

Nam Simran 是指在冥想時虔誠地諭唸神的名字，也就是全神貫注去意識神的存在。因此，當你享用這道美食時，需慢慢地享用，去感受神進入你的體內。

作法：

· 將青色蔬菜洗淨。去除大的莖和變色的葉子。將葉子切成手指寬的長條。

· 在平底鍋中加入番茄、洋蔥和青椒，加上1份抓取量的茴香子和1份抓取量的海苔片。加蓋以中火加熱5分鐘。

· 加入甘藍後再蓋上蓋子，以小火煨並時時翻動攪拌、約煨10至15分鐘，或是葉子軟化即可。在煨蔬菜的同時，進行心輪的冥想。

· 依個人口味適量加入壓碎的胡椒粒，起鍋供應時以略切碎的芫荽葉與開心果裝飾。

· 這道菜可作為辣味菠菜煎餅（見p.33）上或是Uddin vade 小餡餅（見p.43）的配料。

Sat Nam

豐收節菠菜咖哩（Baisakhi spinach curry）

材料：
· 6顆中型綠番茄
· 2根青色辣椒
· 1顆蒜頭長出的綠蒜苗
· 8份雙手量的新鮮菠菜，切碎

常備材料：
· 青橄欖油
· 芥菜子
· 茴香子
· 海苔片

每年4月13日是印度豐收節（Baisakhi），也是哥賓辛上師（Guru Gobind Singh）創建卡爾撒教團（Khalsa）的日子。哥賓辛上師是錫克教十位上師中的最後一位。他也是一位勇士，他希望他的信徒都要精於武藝，才能夠保護家人和人民。一六九九年三月三十日，哥賓辛上師在旁遮普的阿納德普爾寺（Anandpur）的戰鬥場中央召集一個大型聚會。在這個聚會中，他徵求自願犧牲生命去保衛人民者，結果有五個人走向前去。

上師帶著這五人到他的帳篷裡，讓他們穿一身白色服裝。上師分別給五人施行洗禮，而後這五人也為上師施行洗禮。「現在，你們是我的上師。」哥賓辛上師對著五人如此說著。就這樣，所有錫克教徒一律平等，而卡爾撒教團就此成立。他以「Singh」為姓，意思就是「雄獅」，並以此為所有錫克男信徒冠姓；而女子則一律冠姓「Kaur」，也就是「公主」之意。

當以搗碎方式做這道菜時，建議你唱誦 *Chattr Chakkr Varti*（見p.155），將哥賓辛上師的能量灌注其中。

作法：

· 將番茄、青辣椒以及蒜苗搗成番茄糊。

· 在大炒鍋中淋入數圈橄欖油，以中火加熱至起煙狀。

· 加入3小份捏取量的芥菜子，炒至爆裂。加入搗好的番茄糊，再以畫圓的方式攪拌2分鐘。

· 加入菠菜、1小份捏取量的茴香子及1份抓取量的海苔片。充分攪拌並將爐火降至中小火。加蓋續加熱5至8分鐘。

· 盛盤供應，享用時同時讚美哥賓辛上師的一生。

Sat Nam

圖：豐收節菠菜咖哩

豐富快樂又美好的沙拉（Bountiful, blissful and beautiful salad）

材料：
- 1顆青椒
- 1小條小黃瓜
- 3顆綠番茄
- 1把青蔥
- 3根青色辣椒
- 1把新鮮薄荷
- 1把新鮮芫荽
- 1份單手量的新鮮羅勒葉
- 任何喜歡的綠色香草
- 1顆萊姆榨汁，並且削下皮備用

常備材料：
- 青橄欖油

這道沙拉可帶來愉悅的感受。豐富、快樂與美好是喜樂的咒語及聖靈的本質，而這道沙拉具體呈現這樣的精神。這道美食採用了豐富的綠色蔬菜與香草，不但是一道美好的菜餚，同時能夠使身體感到愉悅，其祕密就在於可以隨自己喜愛自由選擇調味用的各式香草。調理這道菜，只要把握一個大原則，那就是香草和蔬菜的用量相當。

在準備這道沙拉時可以一邊唱著：「我的生活豐富、快樂又美好；豐富、快樂又美好的人就是我。」以你自己的曲調大聲地唱。

作法：
- 將青椒、小黃瓜及番茄切成小丁。把青蔥切片。
- 辣椒和各種香草（包括莖）約略切碎。然後加入切成丁的蔬菜中。
- 最後，擠出萊姆汁淋在沙拉上。滴上少許橄欖油，並灑上粗略磨碎的萊姆皮。

Sat Nam

天人合一番茄（Hum dum har har tomatoes）

材料：
- 4－6顆綠番茄

常備材料：
- 青橄欖油
- 海苔片

Hum dum har har 是一句咒語，意思是「全人類、神、神」，這句咒語可打開心輪，而這道菜中所用的綠色蔬菜──綠番茄，正是心輪的顏色。這是一道既簡單又優雅的菜餚，食材中的番茄形成了一個戴在手腕上的薄鋼鐲，代表了真理和自由。

作法：
- 將大炒鍋或平底鍋加熱並輕抹上橄欖油。
- 依照番茄大小不同，將每個番茄橫切成4至6片的厚環片。放入鍋中。
- 將橫切之番茄片底面煎至呈金黃。然後翻面煎另一面。
- 加上海苔片調味，並立即供應。

Sat Nam

艾克翁卡沙拉（Ek ong kar salad）

材料：
- 4大份單手量的西洋菜（watercress）
- 4大份單手量的綜合沙拉葉
- 1大把無籽的綠色葡萄
- 2顆酪梨，切丁
- 2顆奇異果，切丁
- 2顆青蘋果，切丁
- 現榨檸檬汁

常備材料：
- 青橄欖油

　　數世紀以來，發展出許多不同的靈量瑜伽飲食，而對於食物的記載，卻在古老的瑜伽行者文章中就曾提及。然而瑜伽行者所關切的是食物對心靈和靈體的微妙影響，因此，主張採用純淨、簡單而新鮮的食物。這也是艾克翁卡沙拉所秉持的原則。

　　咒語 *Ek Ong Kar Satgur Parsaad*（見p.155）可將個人提昇超脫在二元之上，使聖靈存在於自身。在調理這道沙拉時，請以最崇敬的心唱誦這個咒語。

作法：
- 在大沙拉盤中或個人的沙拉碟中鋪上西洋菜及其他的沙拉葉。
- 將葡萄顆粒切半，並將其他的水果及剩下的蔬菜都切丁。將所有切丁的水果蔬菜放在鋪好的綠色沙拉葉菜上。
- 淋上數圈的橄欖油，並擠檸檬汁淋上。

Sat Nam

綠色生命能量果汁（Pranic green juice）

材料：
- 2小顆青蘋果
- 1小條小黃瓜
- 12根芹菜莖
- 4至5大份單手量的菠菜
- 4片甘藍葉
- 1份單手量的新鮮巴西利

常備材料：
- 海苔片

　　凡提到綠色飲食，就一定會談到小麥草，它就像是能夠回春的甘露，充滿青春活力的瓊漿，甚至是維持生命不可或缺的血液一樣。小麥草汁是具生命力的葉綠素最佳來源，葉綠素是光的重要產物，因此比其他元素含有更多光的能量。富含氧氣、酵素、維生素及核酸的小麥草汁，25毫升（1盎斯）所含的營養素比1公斤（2磅）的新鮮蔬菜更多。這道具有生命力的綠色果汁是補充能量的理想選擇；如果想要使果汁更具激發能量的作用，可以加入小麥草，使其成為「超級飲品」。

作法：
- 蘋果去心後放入食物調理機。加上其他蔬菜和1份抓取量的海苔片。啟動開關，使所有蔬菜打成均勻平滑的飲料。
- 打完後立即與親友分享，以獲得果汁所帶來的最大能量。

Sat Nam

酪梨葡萄的問候（Avocado and grape namaskar）

　　拜日式（Surya Namaskar）的練習在瑜伽修習中很常見。它是由12個連續的體位法所組成，可將平靜、和諧與力量帶進體內。拜日式是一種可使身心完全滿足的修習方式，可將肉體和心靈都向上提昇。藉由練習拜日式，可涵養出更高層次的愛、平靜和憐憫心，並帶來和諧和幸福感。

材料：
- 2顆已成熟的酪梨
- 1大把無籽的綠色葡萄
- 4根芹菜莖（非必要的）
- 捲心萵苣葉（非必要的）

常備材料：
- 海苔片

作法：
- 將酪梨肉和葡萄放入食物調理機中，打成平滑泥狀。
- 將打好的果泥舀進4個小模型中。或者，在1個大碗上先鋪上保鮮膜，再把果泥裝在碗裡。放進冰箱冷藏數小時後，將碗倒扣，除去保鮮膜後切片。
- 如果有準備芹菜，將芹菜莖切成12段，使其看來像12艘小船，每一艘船代表拜日式中的一個體位法。將每一艘小船裝上果泥。
- 如果有準備萵苣，剝下12片萵苣葉，將每一艘裝著果泥的小船放在萵苣葉中包起來。

Sat Nam

Uddin vade 小餡餅（Uddin vade patties）

　　Uddin Vade小餡餅是一道可口、小巧易攜帶、適合野餐及其他親友聚會的美食。這也是一道很棒的綠色餐食，可以隨興和綠色沙拉一起供應。

材料：
- 1份雙手量的綠扁豆
- 1份單手量的新鮮芫荽葉，切碎
- 2至3根小的青色辣椒，細細切碎

常備材料：
- 綠色的乾胡椒粒
- 海鹽
- 青橄欖油
- 天然釀造大豆醬油（tamari）

製備綠嫩葉及芝麻沙拉所需材料（非必要的）
- 4份雙手量的沙拉用綠色葉菜
- 1份單手量的新鮮芫荽
- 1顆萊姆榨汁
- 烤過的芝麻

作法：
- 將扁豆浸泡6小時。瀝乾後和1份抓取量的綠胡椒粒一起磨碎，形成均勻的扁豆糰。
- 加上切碎的芫荽葉及辣椒。以海鹽依個人口味調味。
- 以手將扁豆糰整形，做成小餡餅狀。將所有的扁豆糰都做完。
- 在炒鍋中加入些許橄欖油，以中火加熱。在煎小餡餅時，如有需要可多加些橄欖油。
- 小心地將整好形的生餅糰放入熱油中，煎至兩面金黃帶褐色、有香味溢出即可。
- 可作為點心，和醃青辣椒一起食用，或是和綠嫩葉芝麻沙拉一起供應，作為正餐之用。如果你正在進行綠色飲食計畫，那就捨棄芝麻。
- 綠嫩葉芝麻沙拉：芫荽略切後，和綠色葉菜混合。淋上萊姆汁、橄欖油、烤芝麻和天然釀造大豆醬油，口味依個人喜好調整。

Sat Nam

上圖：彩虹蔬菜香草沙拉
左中圖：紫色洋蔥湯
右下圖：白色光環洋菇花椰菜派

Chapter 4

有益輪穴能量的食物

開啟能量中心之門的食物

　　輪穴就是位於脊柱上的能量中心。在人體內共有七個主要的輪穴沿著中央能量管，也就是中脈（sushumna），可以將能量透過脊柱往上提昇。每一個輪穴以特定的方式對應著身體不同的區域、某些行為特徵以及心靈的成長。在靈量瑜伽裡，所有的技巧都是為了幫助聚焦於中脈的生命力，並將靈性能量透過七個輪穴，從脊柱最底端的海底輪（root chakra），向上提昇至位於前額頂部的頂輪（crown chakra）。

　　當靈性能量穿過中脈提昇時，會活化並打開中脈上的每一個輪穴，使得它們的活躍程度會由原先的不活躍提昇至過度活躍。最理想的狀況是，所有的輪穴都打開但達到平衡，此時，你的直覺會和感覺及思想一起作用，而Shakti，也就是沈睡在海底輪的女性能量，會被喚醒並和她的至愛Siva結合，也就是駐守頂輪的男性能量。

　　顏色是一種可看見的聲音，是一種具波動的能量。當這些聲音的波動愈來愈高且愈來愈亮，就形成了色譜中的不同顏色。在你沿著中脈提昇時，每一個輪穴的波動頻率會增加，且會表現出色譜上不同的顏色。

　　一如輪穴，食物也有著各種不同的顏色，因此具有不同程度的能量波動。本章即是探討食物與輪穴的關係，也談論如何吃有助於平衡各個輪穴，達到更快樂、更健康與更聖潔的人生。

彩虹蔬菜香草沙拉（Rainbow vegetable and herb salad）

材料：
- 2顆番茄，切丁
- 1顆紅色甜椒，去籽切丁
- 1顆黃色甜椒，切丁
- 2根胡蘿蔔，切丁
- 2根小黃瓜，切丁
- 4小顆櫻桃蘿蔔（radish，即紅皮白肉圓球形的蘿蔔），切丁
- 1顆紫色洋蔥，切丁
- 2份單手量的嫩沙拉綠葉
- 1份單手量的白花椰菜，切成小朵
- 1份單手量的新鮮巴西利，切碎
- 1份單手量的新鮮羅勒，切碎
- 新鮮檸檬汁（或改用蘋果醋）
- 2瓣大蒜，細細切碎

常備材料：
- 橄欖油
- 蜂蜜

這道菜包含了多種不同的蔬菜，不同的顏色代表了七個主要輪穴的顏色。紅色是第一輪的顏色，橙色代表了第二輪，黃色則是第三輪，綠色是第四輪，而第五輪、第六輪與第七輪的代表色都是紫色和白色。在享用這道沙拉時，不僅是享受它的豐盛，也同時可強化輪穴的能量。

製備這道沙拉時，建議你同時唱誦咒語 *Har Har*。*Har* 是神祇的能力之一，也就是無限的創造力。唱誦時肚臍中央使力，以使每一個音節都發音清楚而鏗鏘有力。

作法：
- 將切丁的番茄、紅黃甜椒、胡蘿蔔、小黃瓜、櫻桃蘿蔔及洋蔥放入大沙拉碗中。加入嫩沙拉綠葉及白花椰菜。
- 灑上切碎的巴西利及羅勒，以手將所有香草和蔬菜拌勻，拌的時候以無限大的符號形狀（∞）進行。拌好後放置一旁。
- 淋上特製的沙拉醬（見下方作法），用手輕輕地上下翻攪均勻。
- 特製沙拉醬的作法：
準備一個有螺旋瓶蓋的小玻璃瓶。在瓶中倒入等比例的橄欖油與檸檬汁（或醋）。加入細細切碎的大蒜及1匙的蜂蜜。鎖緊瓶蓋後用力搖晃，直到所有材料都充分混勻。

Sat Nam

七彩蔬菜金黃玉米粥（Sun polenta with rainbow vegetables）

材料：
- 1顆甜菜
- 2根胡蘿蔔
- 1顆甘藷（即地瓜）
- 1顆黃色甜椒
- 1顆茴香球莖（fennel bulb）
- 1小顆綠花椰菜（不要莖）
- 1顆紅色洋蔥
- 7瓣大蒜
- 1塊姆指大小的新鮮薑
- 1份單手量的嫩菠菜葉
- 1份單手量的新鮮羅勒葉，粗略切碎
- 1份單手量的芝麻菜

瑜伽行者也一樣接受速食，但對他們而言，速食的意義是快速烹調，保留口感及營養素。本食譜是一道由玉米粥做成的健康速食。

數世紀以來在全球許多國家，玉米粥一直是窮人冬季最主要的食物。玉米粥凝聚的特性，以及長久以來作為主食的性質，強化了它作為生存根本、習慣及自我接受的本質，而這些正是海底輪的全部特性。

作法：
- 將甜菜、胡蘿蔔、甘藷削皮切丁，將黃色甜椒兩次對切成四份後去籽，茴香球莖切片，綠花椰菜剝成一朵一朵的小花狀，洋蔥和大蒜切丁，薑細細磨成泥。
- 將所有處理好的蔬菜放進竹蒸籠，下面以平底深鍋加入生命之水加熱蒸蔬菜。平底深鍋中的水量應為2份雙手量。依體積來算，本食譜中的水量應為玉米粉用量的一半。
- 蔬菜蒸到軟即可。自爐火上移去蒸籠，並將蔬菜盛至玻璃碗中。

（rocket leaves，亦稱
argula）
・1顆檸檬榨汁

常備材料：
・生命之水
・杏仁
・紅椒粉（paprika）
・芹菜粉
・4份單手量的有機細玉
米粉（polenta）
・天然釀造大豆醬油
・紅葡萄醋（balsamic
vinegar）
・橄欖油

備註：
2份雙手量的液體量等於
250毫升，或是8液量盎
斯，或是1杯

・在蒸蔬菜的同時，將9顆杏仁放入平底深鍋中沸騰的水裡，浸泡1分鐘後撈出瀝乾，去皮，粗略切碎再以炒鍋高溫烤乾至微棕色，然後放置一旁。
・利用蒸蔬菜的平底鍋及鍋中的水，加入紅椒粉，使水的顏色呈夕陽般的紅色。然後加入1份抓取量的芹菜粉。
・此時將爐火轉至小火，慢慢地加入玉米粉。用木製湯匙以順時針方向持續攪拌11分鐘，或者等玉米粥已成形，呈濃稠狀即可。
・接著，將粗略切碎的羅勒葉加入蒸好的蔬菜中，同時把嫩菠菜葉及芝麻菜也加入。輕輕拌勻。
・擠檸檬汁淋在拌好的蔬菜上，再細細地淋上1＋1/2圈的橄欖油。輕灑些天然釀造大豆醬油及紅葡萄醋，依個人口味斟酌用量。充分拌勻。
・將煮好的玉米粥平鋪於供應盤中央。在上面放上拌好的蔬菜，再灑上烤好的杏仁即可。

Sat Nam

什錦蕎麥（Buckwheat harmony）

蕎麥在過去數千年一直都被當成主要的食物之一，蕎麥和大黃（rhubarb）為近親，和小麥不同屬。這意謂著對小麥過敏或是有麩質（gluten）不耐症者，蕎麥會是一個富含礦物質的理想替代品。

飲食中多攝取蕎麥，可以降低形成高膽固醇及高血壓的危險性。因此，對身體來說，這道美食有助於維持心臟的健康。而就能量層面而言，綠色的蔬菜和香草，正提供了心輪綠色的能量。

材料：
- 1瓣小蒜，細細切碎
- 1塊姆指大小的新鮮薑，細細磨碎
- 1顆洋蔥，切丁
- 4個綠皮胡瓜（courgettes，zucchini），切片
- 4根芹菜莖，切片
- 1份單手量的蕎麥
- 1份單手量的新鮮薄荷葉，切碎
- 1份單手量的羅勒葉，切碎
- 1份單手量的嫩菠菜葉

常備材料：
- 橄欖油
- 磨碎的茴香
- 紅椒粉
- 瑜伽或有機高湯塊
- 生命之水
- 天然釀造大豆醬油

作法：
- 在大平底鍋中淋上三圈橄欖油，以小火炒大蒜、薑和洋蔥。
- 加入切片的綠皮胡瓜及芹菜莖。依無限大符號（∞）的形狀攪拌所有材料11分鐘。
- 加入各1份抓取量的磨碎茴香及紅椒粉。
- 加入蕎麥、2顆高湯塊及4份雙手量的生命之水。煮至沸騰。加入薄荷、羅勒及嫩菠菜葉，留一小撮薄荷和一小撮羅勒作為盤飾。
- 以小火燉至所有湯汁收乾。大約需要30分鐘。接著以天然釀造大豆醬油調味。
- 盛盤供應，並以剩下的薄荷及羅勒做裝飾。

Sat Nam

番茄羅勒豆腐沙拉（Tomato, basil and gobinde tofu salad）

這是一道深深受到地中海美食影響的典型瑜伽菜餚。番茄對應著海底輪，羅勒則是對應著心輪，而豆腐則代表著靈性，這三者合在一起，就創造出美麗又豐富的佳餚。

材料：
- 1大塊豆腐（450克／1磅）
- 1顆檸檬榨汁
- 8顆熟透的番茄
- 16片羅勒葉

常備材料：
- 橄欖油
- 天然釀造大豆醬油
- 乾燥薄荷
- 乾燥奧勒岡（oregano，亦稱牛至）

所有材料可做16份成品

作法：
- 將豆腐切成3/4公分（1/4英吋）的厚片後，放在玻璃碗中以檸檬汁加上4圈橄欖油，再加上8滴天然釀造大豆醬油，以及各1份抓取量的乾燥薄荷與乾燥奧勒岡混合後浸泡22分鐘。
- 從浸漬液中取出豆腐片，放在烤架上以中火烤。烤至兩面酥脆即可。烤的時候記得只能翻一次面。
- 番茄切橫片，依照番茄的大小，共切出約32片即可。
- 以兩片番茄中間夾1片豆腐及1片羅勒葉。
- 全部夾好後，將浸泡豆腐的醬汁滴上做好的番茄三明治上即可供應。

Sat Nam

上圖：什錦蕎麥

下圖：番茄羅勒豆腐沙拉

胡蘿蔔甘藷飯（Carrot and sweet potato pilaf）

為表達對第二輪穴（或稱生殖輪）的陰柔特質與恩典的敬意，在準備這道美食時可唱誦咒語 *Adi Shakti*（見p.155）。咒語中讚美 *Shakti*，也就是所有的女神，這正是這道菜餚帶來的強大力量。

材料：
- 1顆洋蔥，去皮切碎
- 4瓣大蒜，切碎
- 2根胡蘿蔔，切成絲
- 1顆甘藷，去皮切成薄片
- 3份手量的碎小麥（bulgur）
- 1份單手量新鮮薄荷，切碎

常備材料：
- 橄欖油
- 瑜伽或有機高湯塊
- 生命之水
- 天然釀造大豆醬油

作法：
- 在大炒鍋中淋上3圈橄欖油和幾滴水，以中火炒洋蔥和大蒜。然後加入胡蘿蔔和甘藷，充分拌勻。
- 加入碎小麥，2顆高湯塊及2份雙手量的生命之水，攪拌至高湯塊溶解。然後加入切碎的新鮮薄荷拌勻，要先留一些薄荷最後裝飾用。
- 將所有混合好的材料煮滾，然後將爐火轉小燉11分鐘，或直到湯汁收乾即可。
- 淋上1圈天然釀造大豆醬油調味，並用剩下的薄荷葉做裝飾。

Sat Nam

瑜伽式黃甜椒燉黃豆（Yellow pepper and soya bean yogic stew）

材料：
- 4份單手量的黃豆
- 3根青蔥，細細切碎
- 9瓣大蒜，壓碎
- 1塊姆指大小的新鮮薑，細細磨碎
- 1個黃色甜椒，切碎
- 1份單手量的黃色四季豆（yellow bean），略切小段

常備材料：
- 薑黃
- 磨碎的小茴香
- 生命之水
- 瑜伽或有機高湯塊
- 橄欖油
- 海鹽

　　第三輪，也就是臍輪，是主掌行動與平衡的輪穴。藉由集中黃色的材料，也就是第三輪的代表色，使這道美食不但可以在想要強化第三輪的能量時享用，也可以在想要放鬆及治療情緒時食用。

作法：
- 將黃豆以足量的水浸泡一夜，水量需始終保持蓋過黃豆。將浸泡後的黃豆瀝乾，沖過水後放入大平底鍋中加新的水煮到水滾，然後將爐火轉小，煮至黃豆軟化。過程大約需要2至3小時。
- 在平底鍋中加入各1份抓取量的薑黃和小茴香，以中火乾炒青蔥、大蒜和薑，直到香味出現。
- 加入黃甜椒和黃色四季豆，以三角形的方式攪拌8次。然後瀝乾已煮好的黃豆加入鍋中。
- 加入足以蓋過所有材料的水量。將1顆高湯塊剝碎加入水中拌勻。蓋上蓋子燉22分鐘。
- 將燉好的食物分盛在4個盤中，每一盤都淋上1圈橄欖油並灑上少許海鹽。

Sat Nam

乳酪葵瓜子玉米麵包（Corn bread with seeds and feta）

　　這道美食對應到第三輪（或稱臍輪），也就是個人力量與信仰的中心；而且也能使人追求聖靈的意志得以具體化。這道玉米麵包無論是在早餐或午餐搭配沙拉享用，都能使身心平衡，並強化及提供第三輪與全身的能量。如果欲使能量更強，在製備麵糊時唱誦咒語 *Wha-Hay Guroo*（見p.155）。

作法：

· 將烤箱預熱至180℃／350℉／如為燃氣之英式烤箱則調至指標4（gas mark 4）。
· 將玉米粉及全麥麵粉放置大碗中混勻。加入1份抓取量的海鹽及2份抓取量的泡打粉。將所有材料再次拌勻。
· 慢慢加入1份雙手量的橄欖油，及大約2份雙手量的牛奶。牛奶需分次加入，在每次加入牛奶之前需先拌打材料才能再加入。調好的麵糊應呈濃稠狀，因此，需以牛奶的用量來控制麵糊的稠度。所有材料應拌打至成為平滑的麵糊。
· 將青椒、1份單手量的芝麻與葵瓜子混合物、菲達乳酪小丁、1份抓取量的薑黃及1大圈的蜂蜜拌入麵糊。
· 在1個直徑24公分（9英吋）的圓形烤模中鋪上烘焙用紙，然後將麵糊倒入烤模。
· 將烤模放入已預熱的烤箱中烤31分鐘，或是直到玉米麵包摸起來已堅挺且表面呈金黃色即可。或者，用探針刺進麵包的中央做測試，如果探針取出時沒有麵糊沾附其上就表示已烤好。
· 可趁熱供應，或冷卻後搭配沙拉，也可以單獨食用。

Sat Nam

材料：

· 4份單手量的玉米粉
· 4份單手量的全麥麵粉
· 2份雙手量的牛奶
· 1小顆青椒，細細切碎
· 1份單手量菲達乳酪
　（feta cheese）

常備材料：

· 海鹽
· 泡打粉（baking pow-der）
· 橄欖油
· 芝麻和葵瓜子
· 薑黃
· 蜂蜜

備註：

· 2份雙手量的液體等於250毫升，或8液量盎斯或1杯

靈量淨化沙拉（Kundalini chakra and blood-cleansing salad）

　　古老西方諺語曾說，「一天一蘋果，醫生遠離我」。在靈量瑜伽的傳統裡，是以唾手可得的洋蔥、薑和大蒜來保持身體健康。當然，蘋果也是非常有益健康的食物。當身體感到不適時，對許多人來說，最有效的治療方式就是「淨化」，這是一種整體的方式，讓身體以最自然的方式自我療癒。

作法：

· 把薑磨碎，大蒜細細切碎，洋蔥、蘋果、去籽紅甜椒、辣椒及番茄等切丁。
· 將榨好的柳橙汁淋在處理好的蔬菜上。淋上1大圈橄欖油、1圈醋，並加入1小份捏取量的海鹽。充分拌勻，然後讓蔬菜至少醃11分鐘。
· 在攪拌所有材料時唱誦一長聲的 *Ong*，以和海底輪產生緊密的連結，紅色的蔬菜及蘋果會使其得到平衡。

Sat Nam

材料：

· 1塊姆指大小的新鮮薑，磨碎
· 1瓣大蒜，壓碎
· 1顆紅色洋蔥，切丁
· 1顆紅色蘋果，切丁
· 1顆紅色甜椒，去籽切丁
· 1小根紅色辣椒，細細切碎
· 1顆紅色番茄，切丁
· 1小顆柳橙榨汁

常備材料：

· 橄欖油
· 蘋果醋
· 海鹽

上圖：乳酪葵瓜子玉米麵包

下圖：靈量淨化沙拉

心輪綠花椰番茄濃湯（Heart chakra broccoli and potato cream soup）

材料：
- 1根韭菜，切片
- 1顆洋蔥，切片
- 2顆綠花椰菜（不要莖），剝成小朵狀
- 4顆馬鈴薯，削皮切丁
- 新鮮巴西利（裝飾用）
- 新鮮薄荷（裝飾用）

常備材料：
- 橄欖油
- 瑜伽香料或格蘭馬撒拉綜合香料
- 薑黃
- 紅椒粉
- 磨碎的小茴香
- 紅色辣椒碎片
- 生命之水
- 瑜伽或有機高湯塊
- 海鹽

這道湯品是針對第四輪（心輪）所設計的。因此建議你在調理時唱誦咒語 *Humee Hum Brahm Hum*。*Hum* 是對應心輪的聲音，當唱誦這個咒語時，可將心輪開啟，並活化與第五輪（喉輪）的連結。

作法：
- 在大平底鍋中淋上1圈橄欖油，以小火炒韭菜和洋蔥。
- 加入剝成小朵的綠花椰菜和切丁的馬鈴薯。以三角形的方式攪拌11分鐘。
- 加入各1份抓取量的瑜伽香料（或格蘭馬撒拉綜合香料）、薑黃、紅椒粉、磨碎的小茴香，及紅色辣椒碎片。拌炒均勻。
- 加入生命之水，水面要蓋過蔬菜。剝碎1個高湯塊加入鍋中，繼續攪拌至高湯塊充分溶解。煮至沸騰後，繼續燉15分鐘，或至蔬菜軟化即可。
- 將湯與料全部盛入食物調理機，拌打至成平滑濃湯狀。
- 將打好的蔬菜濃湯再倒回平底鍋中，加入3圈橄欖油，並以海鹽調味，再次加熱。
- 盛出供應時，以略切碎的新鮮巴西利或新鮮薄荷尖做裝飾。

Sat Nam

香草菠芹派（Spinach celery pie with fresh herbs）

材料：
- 7根芹菜莖，細細切片
- 1顆洋蔥，細細切片
- 7份單手量的嫩菠菜葉
- 2份單手量的新鮮香草
  （薄荷、羅勒、巴西利
  或芫荽）
- 2份單手量的全麥麵粉
- 青醬
  （見p.104）

常備材料：
- 天然釀造大豆醬油
- 橄欖油
- 瑜伽香料或格蘭馬撒拉
  綜合香料

心輪是所有下輪穴及上輪穴的整合中心。它代表了神聖的轉變及喚起神靈的覺知。它也代表了天堂與人間並存於平衡的狀態下，調合了兩種不同的特質。藉著結合兩種不同的元素，及模糊了兩者的界限，就達到了人神合一。在這道美食中，全麥麵粉所代表的超凡與質樸，結合得如此和諧，再搭配諸多精緻的綠葉菜，就成了一道可愛、和諧又令人滿足的菜餚。

作法：
- 將烤箱預熱至180℃／350℉／如為燃氣之英式烤箱則調至指標4（gas mark 4）。
- 將切片的芹菜莖和洋蔥、嫩菠菜葉及綜合香草放入竹蒸籠中，下面以平底鍋加水以小火蒸。蒸到所有蔬菜都軟化即可。
- 將蒸好的蔬菜及香草盛入碗中搗成泥狀。
- 加入全麥麵粉、18滴的天然釀造大豆醬油、4圈橄欖油及1份抓取量的瑜伽香料或格蘭馬撒拉綜合香料。充分拌勻。
- 在一個約30×8×3公分（12×8×3英吋）的烤盤中先鋪上烘焙用紙，然後把拌勻的蔬菜麵糊倒薄薄的一層於烤盤中。或者也可以利用直徑約10公分（4英吋）的圓形小烤模，做成許多個小餡餅。
- 將烤盤放進已預熱的烤箱中烤31分鐘，或者烤至表面呈金褐色即可。
- 搭配新鮮的綠色沙拉及青醬，趁熱供應。

Sat Nam

包心菜心輪沙拉（Salad greens and cabbage heart chakra salad）

材料：
- 1顆包心菜，細細切絲
- 4份單手量的嫩沙拉綠葉
- 1小根青色辣椒，細細切碎
- 薄荷葉（裝飾用）

常備材料：
- 橄欖油
- 天然釀造大豆醬油
- 米醋

代表心輪的顏色是綠色，而綠色的能量正是來自太陽的能量。包心菜常用於減重飲食中，但它所含有的豐富beta-胡蘿蔔素及鉀離子卻常被忽略。包心菜也含有植物營養素，諸如硫配醣體(glucosinolate)，實驗證明可減少癌症發生的可能性。

切包心菜時請唱誦 *Ong So Hung*。*Ong* 的意思是創造性的覺知，而 *So Hung* 是「我穿透了」，唱誦 *Hung* 這個字可刺激並開啟心輪。

作法：
- 將切好細絲的高麗菜及洗好的嫩沙拉綠葉一起放入大碗中。以雙手攪拌三次，以利於調和身、心、靈的狀態。
- 加入3圈橄欖油、18滴的天然釀造大豆醬油及18滴的米醋。
- 細細切碎青色辣椒，放入沙拉中充分拌勻。將沙拉加上蓋子，放置一旁，讓所有材料至少醃3小時，如果要讓味道完美且能充分提供能量，則要醃11小時，或者醃一夜，且必須放在陰涼的地方避免直接日照。
- 供應前，再次攪拌，並加上新鮮的薄荷葉。

Sat Nam

頂輪紅豆（Crown chakra adzuki bean casserole）

材料：
- 2份單手量的紅豆
- 2顆白洋蔥，切丁
- 7瓣大蒜，壓碎
- 1根紅辣椒，切碎
- 1根青辣椒，切碎
- 4根胡蘿蔔，切片
- 2根芹菜莖，切細丁
- 4顆番茄，去皮切丁
- 新鮮巴西利（裝飾用）

常備材料：
- 橄欖油
- 月桂葉
- 薑黃
- 紅椒粉
- 磨碎的小茴香
- 瑜伽或有機高湯塊
- 生命之水

頂輪是第七個輪穴，是位於頭頂前端的光環，因此是最容易被看見的輪穴。這道菜採用紅豆，乃因紅豆含有紫色的植物營養素，有助於淨化心靈及平衡腦下垂體。紅豆可提供身體能量。此外，紅豆也是可溶性纖維的良好來源，可幫助降低血清中膽固醇含量，並對穩定血糖值極有助益。

作法：
- 用大量的水泡紅豆2小時。
- 將紅豆瀝乾放入平底鍋中，重新加水，紅豆與水的比例為1：3。煮沸後再續煮1個小時。取出紅豆後瀝乾，過一次水。
- 在乾淨的平底鍋中加入3圈橄欖油以中火炒白洋蔥及大蒜。加入切碎的辣椒、胡蘿蔔、芹菜莖及2片月桂葉。繼續炒至所有蔬菜都軟化。
- 加入番茄丁，及各1份抓取量的薑黃、紅椒粉與磨碎的小茴香。
- 加入煮好的紅豆，然後倒入足量的生命之水以蓋過鍋中所有材料。剝碎1顆高湯塊加入，並依無限大符號（∞）的形狀攪拌。
- 煮滾後轉小火，蓋上蓋子再燉煮31分鐘。
- 供應時，以切碎的新鮮巴西利做裝飾。

Sat Nam

海底輪靈量甜菜（Kundalini root chakra beetroot steam）

海底輪，也就是第一個輪穴，與基礎及排除有關聯，它的代表色是深紅色。甜菜不但可代表這個輪穴的顏色，其營養性質也相符。甜菜含有豐富的花青素（anthocyanins），是一種深紅色的天然抗氧化物，常用於清除與解毒之用。

材料：
- 4顆甜菜，去皮並切片
- 1顆紫色洋蔥，切片
- 8瓣大蒜，切薄片
- 1顆檸檬榨汁
- 1顆柳橙，去皮，切成小丁
- 1份單手量的新鮮芫荽葉，粗略切碎（非必要的）

常備材料：
- 橄欖油
- 海鹽
- 卡宴辣椒粉（cayenne pepper）

作法：
- 將甜菜、洋蔥、大蒜放進竹蒸籠裡，底下平底鍋中的水滾後保持小火將蔬菜蒸軟。
- 蒸好後將蔬菜盛至供應盤中，擠檸檬汁淋上。
- 細細淋上3圈橄欖油並灑上少許海鹽調味。
- 以切丁的柳橙做裝飾，也可以再加上切碎的新鮮芫荽（非必要的）。
- 灑上卡宴辣椒粉供應。

Sat Nam

頂輪紫甘藍鑲藜麥（Crown chakra stuffed purple cabbage）

這是一道秀色可餐的美食，容易做且很適合作為宴客菜。甘藍菜是一種樸實的蔬菜，可包覆頂輪（第七輪），代表著在向宇宙主宰躬身行禮時的謙卑。

材料：

- 1顆大的紫甘藍（紫色包心菜）
- 2份雙手量的藜麥（quinoa，又名小小米）
- 1份單手量的新鮮羅勒
- 1份單手量的新鮮巴西利
- 1顆紫色洋蔥，切丁
- 1塊2至3公分大小的新鮮薑，細細磨碎
- 4瓣大蒜，切成細丁
- 1顆檸檬榨汁

常備材料：

- 生命之水
- 瑜伽或有機高湯塊
- 切碎的綜合堅果
- 天然釀造大豆醬油

作法：

- 將紫色甘藍菜的葉子一片一片剝下，小心不要撕破。在大鍋中將剝下的葉片一片一片疊好。用剛煮沸的生命之水淋上，讓水量蓋過包心菜，然後靜置浸泡，直到包心菜全部軟化為止。
- 在大平底鍋中放入藜麥、羅勒、巴西利、切丁的紫洋蔥、磨碎的薑及壓碎的大蒜，加上4杯生命之水及2顆剝碎的高湯塊。
- 開火煮至沸騰後轉小火燉，燉至湯汁收乾且藜麥裂開。約需10至15分鐘。
- 將平底鍋自爐火上移走。拌入切碎的綜合堅果。
- 取一片紫色甘藍菜放在手中，以湯匙舀取藜麥作為內餡，以甘藍菜包覆捲起，然後放在竹蒸籠中。將所有甘藍菜葉和內餡全部包完。
- 將竹蒸籠放在平底鍋上加水，沸騰後以小火蒸11分鐘。
- 將蒸好的甘藍菜捲盛盤，淋上檸檬汁和天然釀造的大豆醬油調味，並搭配新鮮的綠葉沙拉一起供應。

Sat Nam

紫洋蔥湯（Purple onion soup）

這是由法式洋蔥湯變化而來。一般洋蔥湯會直接在湯裡加入易在麵包上融化的乳酪，然而這道洋蔥湯捨棄這樣的材料，而改用紅色扁豆。這樣的改變不但符合頂輪的顏色，也可平衡頂輪（第七輪）的能量。

作法：

- 在大平底鍋中淋上1圈橄欖油炒洋蔥，炒到全部洋蔥都變軟。
- 加入扁豆和各1份抓取量的紅辣椒片、小茴香和薑黃。以無限大符號（∞）的形狀攪拌均勻。
- 加入足量的生命之水，約為鍋中扁豆和洋蔥的兩倍量。滴上11滴的天然釀造大豆醬油、新鮮芫荽和檸檬汁，以小火燉煮至扁豆熟透。約需21至31分鐘。
- 分盛至小碗供應，供應前每碗都淋上1小圈橄欖油並灑上少許紅辣椒片。

Sat Nam

材料：
- 7顆紫色洋蔥，切丁
- 1份單手量的紅色扁豆（orange lentils，或split red lentils）
- 1份單手量的新鮮芫荽，切碎
- 1顆檸檬榨汁

常備材料：
- 橄欖油
- 紅色辣椒片
- 磨碎的小茴香
- 薑黃
- 生命之水
- 天然釀造大豆醬油

（圖見p.44）

潔白洋菇花椰派（Aura-white mushroom and cauliflower pie）

光環（aura）或稱第八輪，是所有七個主要輪穴的總和。靈氣的代表色為白色，象徵純潔、新的開始及深層淨化。將這道菜和印度香米（bastami rice），與磨碎的新鮮櫻桃蘿蔔一起盛盤供應，再佐以檸檬汁和橄欖油，會創造出獨特的風味。

作法：

- 將烤箱預熱至200℃／400℉／如為燃氣之英式烤箱則調至指標6（gas mark 6）。
- 將亞麻子以等量的生命之水浸泡11分鐘。泡好後一起放入食物調理機中打成泥狀。
- 將洋菇和花椰菜放入竹蒸籠中，以小火蒸至軟。
- 在大炒鍋中淋上1大圈橄欖油，以中火加熱。
- 加入韭菜、白洋蔥、大蒜、薑、1片月桂葉和3粒白胡椒粒，以三角形的形狀翻炒。
- 再加入2圈橄欖油及2份單手量的全麥麵粉。將所有的材料充分拌勻。
- 加入亞麻子泥和蒸好的洋菇及白花椰菜，充分拌勻。
- 以天然釀造大豆醬油或海鹽調味。將調味後之麵糊放進直徑24公分（9英吋）的派烤模中，放入烤箱烘烤31分鐘。烤好的派應為美麗的金黃色。
- 在供應派之前淋上白醬（見下方白醬作法），並搭配喜愛的沙拉或印度香米，及磨碎的櫻桃蘿蔔，最後淋上檸檬汁和橄欖油。
- 白醬作法：將所有醬汁用材料放入小鍋中以中火加熱。持續攪拌直到醬汁熱透並呈平滑狀。以海鹽調味。

Sat Nam

材料：
- 1份單手量的亞麻子（flax seeds，亦稱linseeds）
- 18個洋菇
- 1顆白花椰菜（只要頂部），剝成一朵朵小花狀
- 1根韭菜，切丁
- 2顆白洋蔥，切丁
- 8瓣大蒜，壓碎
- 1塊2至3公分大小的新鮮薑，細細磨碎

醬汁用材料：
- 2份單手量的牛奶或米漿（約125毫升／4液量盎斯）
- 1小份捏取量的葛粉（arrowroot powder）
- 1瓣大蒜，壓碎

常備材料：
- 生命之水
- 橄欖油
- 月桂葉
- 白胡椒粒
- 全麥麵粉
- 海鹽
- 天然釀造大豆醬油

（圖p.44）

藜麥蒸大頭菜防風草根（Steamed kohlrabi, parsnip and quinoa）

為了強化第八輪的白色光環，以及看起來、感覺上更聖潔，建議你供上這道全白的美食。當光環減弱時，你的磁場就不足以濾除你在一天中所遭逢的負面影響。因此，只有透過淨化法、靜坐冥想及好的食物強化這個輪穴才能保護自己。這道菜是最完美的選擇。

作法：

· 將切好的大頭菜和歐洲防風草根放進竹蒸籠裡以小火蒸軟。
· 在另一個平底鍋中放入藜麥、洋蔥、薑和大蒜（先留1瓣細細切好的大蒜做醬汁），加入1份雙手量的生命之水煮到沸騰。沸騰後轉小火。加入3圈橄欖油和1小份捏取量的海鹽。
· 不要加蓋，繼續以小火燉煮，直至湯汁收乾且藜麥裂開。約需10到15分鐘。
· 盛盤供應，並灑上椰子醬（椰子醬作法見下方）。
· 椰子醬作法：在小平底鍋中放入椰漿、檸檬汁和1瓣細細切碎的大蒜，以中火加熱。以畫圓的方式攪拌，直到醬汁呈均勻乳狀，以海鹽調味。

Sat Nam

材料：
· 4顆大頭菜（kohlrabi，亦稱cabbage turnip），削皮切丁
· 4根歐洲防風草根（parsnip），削皮切丁
· 1份雙手量的藜麥
· 1顆白洋蔥，切丁
· 1塊2至3公分大小的新鮮薑，細細磨碎
· 9瓣大蒜，細細切碎
· 1份雙手量的椰漿
· 1顆檸檬榨汁

常備材料：
· 生命之水
· 橄欖油
· 海鹽

備註：
· 2份雙手量的液體等於250毫升，或8液量盎斯或1杯

上師甜點（Guru sweet delight）

生殖輪（第二輪）和感官感受、創造力及能量流動有關。當瑜伽行者欲供應能帶給第二輪最大能量的女性化、健康甜食的時候，就會做這道甜點。

由於這個輪穴也與生存有關，因此食譜中選用了甘藷、胡蘿蔔及堅果類等具有強烈土壤性質的食材。此外，橘色的蔬菜也含有純淨的植物營養素。

材料：
- 1份單手量的杏桃乾
- 1大顆甘藷（地瓜），削皮切丁
- 4根胡蘿蔔，削皮切丁
- 1小顆白胡桃南瓜（butternut pumpkin），切丁

常備材料：
- 生命之水
- 壓碎的綜合堅果
- 葡萄乾（非必要的）
- 肉桂粉
- 蜂蜜
- 堅果油（nut oil）或印度烹飪用奶油（ghee）

作法：
- 將杏桃乾放在小碗中泡水，水量需蓋過杏桃，浸泡2小時。
- 將已處理好的甘藷、胡蘿蔔、南瓜及杏桃乾放入竹蒸籠中蒸軟，但請注意蒸籠下方平底鍋中的水需採用生命之水。
- 所有蔬果蒸軟後盛至供應用碗中。灑上1份單手量的壓碎綜合堅果及1份單手量的葡萄乾（非必要的）。
- 將用來蒸蔬果的水煮滾，然後轉小火，續煮至水量濃縮至一半。
- 在前述加熱續煮用過的生命之水時，淋上1圈的蜂蜜及數滴堅果油或1小匙的印度烹飪用奶油，並灑上少許肉桂粉。充分拌勻備用。
- 煮好後，將鍋子自爐火上移開。慢慢地將煮好的湯汁淋在蒸好的蔬果及壓碎的堅果上。

Sat Nam

綠豆與米食

利用排毒強化身體平衡與思維清澈

　　本章列舉的這類飲食不但容易消化且富含蛋白質，同時你會大感意外於它的豐富變化。雖然在傳統上，綠豆和米食是用在四十天的淨化飲食之後，然本章中的菜餚均為營養豐富的美食，適合隨時享用。無論你是否正在進行這類飲食，本章所收納的各種有趣食（包括蛋糕），足以提供你不同的選擇。如果你決定遵行這類飲食，將會發現無論是否以靈量瑜伽的方式修習，單單是用以維持注意力的紀律，就足以給你強大的精神力量及心靈淨化。

　　對我們編寫這本書的人來說，這類飲食的重要性在於與瑜伽行者巴贊所教導的「自我知覺」（self-sensory）系統間的關聯。在今天這樣多變的環境中，人們愈來愈自我放縱，愈來愈多新奇的事物及立即的滿足，使得我們傾向要求更多，盡去追求無意義而虛幻的浪漫與幻想，時時刻刻期待著歡樂。然而，這往往是自我不滿足、失望及痛苦的根源。

　　放慢腳步，養成沈思的心靈，學習等待，迎接即將降臨自身的事物。學習向自己的內在觀看，讓自己的創造力成為快樂與享受的源頭。藉由「自我覺知」系統，加上靜坐冥想、進行淨化法及節食，可得到全新的能量。這股能量會由你身上擴及你身旁的每一個人，你的仁慈、悲天憫人及高貴情操，都因此而傳遞出去，因而開創了寶瓶座時代的覺知（見p.13～17）。

　　綠豆及米並不是多數人的主要食物，因此要保持這樣的飲食長達四十天，需要極大的毅力。請記住，要達到幸福快樂的七個步驟，毅力是第一步，也是最重要的一項。現在，就敞開心胸，欣然擁抱這類飲食吧！

發芽的綠豆

讓綠豆發芽有三種方法。但每一種方法都需要將綠豆浸泡一整夜。

第一種方法是將泡好的綠豆放進一個大的容器內，容器需存放在暗不見光的地方。容器上方要覆蓋一條濕毛巾；每天以水沖洗以保持綠豆濕潤。三天後就可以有新鮮的嫩綠豆芽。

第二種方法是將泡好的綠豆放進一個乾淨的空瓶中。瓶口處覆蓋一條棉布（紗布），用繩子綁緊以封住瓶口。將瓶子上下顛倒放置在碗架上，讓瓶口一邊略抬高（瓶口不要完全貼住），瓶子和碗架都放在暗不見光的地方。每天加水一次到瓶中，然後讓水慢慢地從棉布中濾出。三天後就可以獲得嫩綠豆芽。如果想要較大的綠豆芽，就多等一天。

第三種方法是將泡好的綠豆放在發芽用袋中或是用棉布做成的大布袋中。將袋子懸掛在乾燥黑暗的地方，下方放置一個容器，以便承接自袋子滴下的水。每天給布袋澆水，連續三天就能培育出嫩綠豆芽了。

巴贊的綠豆米食鮮蔬餐（Yogi Bhajan's mung beans, rice and vegetables）

這道美食是典型瑜伽行者巴贊的綠豆米食餐，成品比較像是一道含有蔬菜、綠豆和米的濃湯。

當你唱誦時，心靈的最基本狀態就存在於心輪（Anahat）──充滿不停息的聲音或波動。在這個時候，你會感到愉悅、平和、真實、慈悲而放鬆。此外，心輪中也充滿了靜默，且在靜默之中，你會感覺到、聽到並遵照心靈行事。因此，在製備這道菜時要保持靜默的覺知狀態，並使歡愉存在心輪中。

材料：

- 1份雙手量的印度白香米，清洗乾淨
- 1份雙手量的綠豆，清洗乾淨
- 3份單手量的胡蘿蔔，切碎
- 3份單手量的剝成小花狀的綠花椰頂部，切碎
- 1顆大洋蔥，切丁
- 9瓣大蒜，壓碎
- 1塊2至3公分大小的新鮮薑，磨碎

常備材料：

- 生命之水
- 蔬菜油
- 乾羅勒
- 薑黃
- 瑜伽香料或格蘭馬撒拉綜合香料
- 紅辣椒片
- 磨碎的黑胡椒
- 帶莢小豆蔻
- 月桂葉
- 天然釀造大豆醬油

備註：

2份雙手量的液體等於250毫升，或8液量盎斯或1杯

作法：

- 將清洗好的香米及綠豆放入大的平底鍋中。在鍋中加入9份雙手量的生命之水。蓋上鍋蓋後煮至沸騰，然後轉小火再煮15分鐘。加入胡蘿蔔及綠花椰菜，再繼續煮11分鐘。
- 在煮前述食材的同時，在炒鍋中淋上2圈蔬菜油加熱。加入洋蔥、大蒜及薑。
- 加入3份抓取量的乾羅勒，各1大份抓取量的薑黃、瑜伽香料（或格蘭馬撒拉綜合香料）及紅辣椒片，1小份捏取量的磨碎黑胡椒，4個帶莢小豆蔻及2片月桂葉。
- 依無限大符號（∞）的形狀攪拌，有需要時可加入數滴水以避免燒焦。
- 攪拌4分鐘後加入煮好的綠豆及米。以天然釀造的大豆醬油調味。
- 繼續以小火燉煮所有材料31分鐘，或直到成品呈濃湯狀即可，此時米粒實際上都已散解，而綠豆均已軟化。這個時候你可以加入更多的生命之水。

Sat Nam

蔬菜綠豆芽飯（Ong so hung vegetables, sprouted beans and rice）

這是一道非常清爽、健康又可口的快速綠豆芽飯。做這道菜需要一個約個人份量的竹蒸籠。因此，如果是為一大群人準備這道菜，就要用大的蒸籠！製備這道美食時，建議你唱誦可開啟心輪及增強能量的咒語 *Ong so Hung*（宇宙主宰啊，我就是你）。

材料：
- 1顆甜菜
- 1小根紅色辣椒（朝天椒）
- 4根胡蘿蔔
- 1顆甘藷（地瓜）
- 1顆黃色甜椒
- 8小朵綠花椰頂部
- 1顆紫色洋蔥
- 2份雙手量新發芽的嫩綠豆芽
- 2份雙手量白印度香米
- 1份單手量的新鮮巴西利，切碎
- 1份單手量的新鮮芫荽，切碎

常備材料：
- 橄欖油
- 帶莢小豆蔻
- 生命之水
- 天然釀造大豆醬油
- 芝麻

作法：
- 將蔬菜切成小方塊，放入竹蒸籠中以小火蒸。在切蔬菜時唱誦 *Ong so Hung*。蒸到蔬菜略軟化但仍保持原有形狀即可將蒸籠自爐火上移開，放置一旁。
- 將香米洗淨瀝乾。放入鍋中加上1圈橄欖油及2個帶莢小豆蔻。
- 加入生命之水，水量需蓋過米。以小火煮至水分全被吸收，米粒軟化為止。欲使米飯風味更好，煮米的水可採用蒸蔬菜時蒸籠下面用的水。
- 米飯煮好後，加入蒸好的蔬菜拌勻。然後再加上切碎的巴西利和芫荽，最後以天然釀造的大豆醬油調味。
- 在供應之前才能加上新發芽的嫩綠豆芽，並灑上許多芝麻做裝飾。

Sat Nam

夏日綠豆飯（Summer ong mung beans and rice）

這是一道極佳的夏日淨化美食，所使用的材料含有許多夏日的新鮮蔬菜，諸如綠皮胡瓜、番茄、紅甜椒及新鮮的綠色香草。

作法：

- 將米洗好放置一旁。
- 以中火在平底鍋中加幾滴水乾炒韭菜、大蒜及洋蔥。加上各1份抓取量的小茴香子、芫荽子、芥茉子及辣椒片。以畫圓的方式攪拌均勻，如果有需要，可以再加幾滴水。
- 加入處理好的綠皮胡瓜、番茄、紅甜椒。再攪拌幾次，然後放入洗好的米和綠豆。加入生命之水，水量需蓋過所有材料，煮至沸騰。轉小火繼續煮至米熟透為止。
- 淋上1圈天然釀造的豆醬油及1圈的橄欖油調味。
- 供應時以切碎的新鮮羅勒及薄荷裝飾。

Sat Nam

材料：
- 1份雙手量的未精製的印度香米（糙米）
- 1根韭菜，切片
- 7瓣大蒜，細細切碎
- 1顆大的紫色洋蔥
- 4個綠皮胡瓜，切丁
- 4顆番茄，切丁
- 1顆紅甜椒，切丁
- 1份雙手量的綠豆芽
- 1份抓取量的切碎新鮮羅勒（裝飾用）
- 1份抓取量的切碎新鮮薄荷（裝飾用）

常備材料：
- 小茴香子
- 芫荽子
- 芥茉子
- 紅色辣椒片
- 生命之水
- 天然釀造大豆醬油
- 橄欖油

冬日綠豆飯（Winter so hung mung beans and rice）

在冬天食用綠豆飯是最好的淨化方法。這個食譜提供一個超級棒的冬日淨化餐食。材料中含有根類蔬菜，這些蔬菜性溫暖，特別是三聖根（trinity roots，即洋蔥、薑及大蒜），不但溫暖且具有土地特性。當談論到土地特性時，指的就是海底輪（亦稱根輪），也就是能量中心。這個輪穴主掌基礎、防護及習性。

我們都需要發展信賴的基礎本能，因為缺乏信賴就會使能量停滯，無法由海底輪提昇至上方的各個輪穴。生長在土地裡的食物有助於能量向上提昇。就像納拿克上師（Guru Nanak）在經書Japji中提到：「我們為什麼憂慮？當紅鶴飛走時，神會照顧牠的幼鳥。」經書Japji是當納拿克上師從河流中顯現三天後，就像花蜜一般，出自其口的第一個訊息。據說經過三天，這個自我意識才完全消失，也才體會到這種終極的力量。

作法：

- 將米洗淨放置一旁。
- 在平底鍋中以中火炒洋蔥、大蒜（每一個輪穴一瓣）及薑。可以用乾炒，需要時可以加數滴水去炒，或是淋上數圈蔬菜油去炒。加入綠豆芽及米。

材料：
- 1份雙手量的未精製的印度香米（糙米）
- 1顆中型洋蔥，切丁
- 7瓣大蒜，壓碎
- 1塊2至3公分大小的新鮮薑，磨碎
- 1份雙手量的綠豆芽
- 1顆甘藷（地瓜），剝皮切塊
- 4根胡蘿蔔，切塊
- 1顆甜菜，切塊
- 1顆白胡桃南瓜（一般南瓜亦可），切塊
- 7小朵綠花椰頂部

常備材料：
- ・蔬菜油
- ・茴香子
- ・卡宴辣椒粉
- ・小茴香
- ・帶莢小豆蔻
- ・生命之水
- ・橄欖油
- ・天然釀造大豆醬油

・攪拌均勻，然後加上各1份抓取量的茴香子及卡宴辣椒粉，2份抓取量的小茴香粉及3個帶莢小豆蔻。如果喜歡較重的口味，就多加些辛香料。

・以畫圓的方式攪拌數次，然後加入足量的生命之水蓋過所有的材料。

・蓋上鍋蓋，並轉至小火，續煮至所有材料及米軟化。約莫需要11至22分鐘。

・當煮綠豆和米的時候，同時可將甘藷、胡蘿蔔、甜菜和南瓜放入竹蒸籠裡蒸，這些蔬菜都具有大地的特性，並且可以平衡下三角形的輪穴（lower triangle chakras）。加入剝成小花狀的綠花椰，以對應心輪。

・當蔬菜蒸軟但摸起來仍成形時，加入米和綠豆。依無限大符號（∞）的形狀充分拌勻。

・供應前淋上1圈的橄欖油及1圈的天然釀造大豆醬油調味，及增加食物的香氣。

・這道美食應趁熱供應，如果不立即食用，宜在兩天內加熱食用完。

Sat Nam

幸福綠豆芽沙拉（Sprouted happy mung bean salad）

發芽的綠豆是具生命力的食物，充滿了容易因烹調而流失的養分。豆子藉著發芽，使所含的營養素全部活化，冒出的嫩芽得到了全部的營養，因此，嫩芽的風味特別好；而用於熱食中，比起乾綠豆，只需要稍加處理及烹調即可。

材料：

- 1份單手量的綠豆芽
- 1顆捲心萵苣，切片
- 2根芹菜莖，切片
- 2顆大番茄，切碎
- 2根胡蘿蔔，切絲
- 1份單手量的羅勒，粗略切碎
- 1份單手量的薄荷，粗略切碎
- 1份單手量的巴西利，粗略切碎
- 1塊2至3公分大小的新鮮薑，磨碎
- 1顆大的檸檬榨汁

常備材料：

- 辣椒片
- 紅葡萄醋或蘋果醋
- 橄欖油
- 天然釀造大豆醬油
- 海鹽

（成品量為2人份）

作法：

- 將新鮮的嫩綠豆芽、萵苣、芹菜、番茄、切絲的胡蘿蔔及新鮮香草等，加上少許辣椒片，充分拌勻。
- 加上薑及檸檬汁，充分拌勻。
- 淋上數滴醋、4圈橄欖油及1圈天然釀造的大豆醬油。並以海鹽調味。
- 以幸福的心情唱誦上師咒語（Guru mantra，見p.155），並同時將蔬菜拌勻。

Sat Nam

巴贊的招牌三聖根飯（Yogi Bhajan's classic trinity rice）

這是一道具有強大淨化力及非常營養的美食，可以單獨食用，也可以搭配新鮮的綠豆芽沙拉。雖然做好後立即食用最營養，但也可以選擇放在冰箱，以冷食供應。

做這道菜時，建議你唱誦上師咒語（Guru mantra，見p.155）。這個咒語可以依照能量的形成、組織及轉換等原則，達到平衡能量的作用，並透過知識及體會傳達喜悅。

作法：
· 將米仔細洗淨後放置一旁。
· 以中火加熱平底鍋，加上1/2杯（125公克／4盎斯）的印度烹飪用奶油，慢慢使奶油融化。
· 將洋蔥、大蒜及薑加入融化的奶油中。拌炒至這「三聖根」都非常軟，再加入米。
· 加入切碎的番茄及各種蔬菜。充分拌勻並滴上4圈天然釀造的大豆醬油。
· 加入8份雙手量的生命之水蓋過鍋中材料，轉至小火，煮至米和蔬菜都軟化。

Sat Nam

材料：
· 2份雙手量的白印度香米
· 2顆大的洋蔥，切碎
· 2瓣大蒜，切片
· 1塊2至3公分大小的新鮮薑，磨碎
· 1顆大番茄，剝皮後切碎
· 8至10份單手量的各種切碎蔬菜

常備材料：
· 印度烹飪用奶油（ghee）
· 天然釀造大豆醬油
· 生命之水

備註：
2份雙手量的液量等於250毫升，或8液量盎斯，或1杯

上師義式燉飯（Italian guru's risotto）

這道綠豆飯的作法具有地中海的風味，可算是有別於傳統印度式瑜伽飲食的另一種美好選擇。

作法：
· 仔細洗淨義大利燉飯米後放置一旁。
· 在大平底鍋中，加數滴水乾炒大蒜、洋蔥及韭菜。
· 加上各1份抓取量的乾羅勒及普羅旺斯香料，及2片月桂葉。充分拌勻後，再用手剝碎2顆高湯塊加入。
· 加入處理好的胡蘿蔔、番茄、剝成小朵狀的綠花椰及洋菇一起拌炒，拌勻後再加入米。
· 接著，分次慢慢地加入小量的生命之水。每次加1份單手量的水，持續地依無限大符號（∞）的形狀攪拌，直到水分完全被吸收後，再加入另1份單手量的水。重覆這個過程一直到米軟化為止。
· 淋上3圈橄欖油，充分拌勻。以海鹽及紅葡萄醋調味。
· 盛盤後灑上粗略切碎的新鮮羅勒葉做點綴即可供應。

Sat Nam

材料：
· 2份雙手量的義大利燉飯米（risotto rice）
· 4瓣大蒜，壓碎
· 1顆洋蔥，切丁
· 1根韭菜，切片
· 4根胡蘿蔔，切片
· 4顆番茄，切片
· 1顆綠花椰，只要頂部不要莖，切成一朵朵小花狀
· 2份單手量的白洋菇，切碎
· 新鮮羅勒葉（裝飾用）

常備材料：
· 乾羅勒
· 普羅旺斯香料（Herbes de Provence）
· 月桂葉
· 瑜伽或有機高湯塊
· 生命之水
· 橄欖油
· 海鹽
· 紅葡萄醋

上師什菜米粉（Rice noodles and guru's vegetables）

材料：
- 1顆洋蔥，切丁
- 7瓣大蒜，壓碎
- 1塊2至3公分大小的新鮮薑，磨碎
- 3片萊姆葉（新鮮或乾燥均可）
- 1小根檸檬香茅（lemon grass），細細切碎
- 1根紅色辣椒，切碎
- 4根胡蘿蔔，切片
- 4個綠皮胡瓜，切丁
- 1小顆甘藷，切丁
- 1罐椰漿（coconut milk）（400毫升或14液量盎斯）
- 2份單手量的米粉（rice noodle）（250公克或9盎斯）
- 2份單手量嫩菠菜
- 新鮮的芫荽葉，粗略切碎

常備材料：
- 橄欖油
- 生命之水
- 天然釀造大豆醬油
- 壓碎的花生
- 芝麻油

這是一道帶有泰式風味，很受歡迎的節慶美食。可以改用粗麵條，一樣會吸收美味香辣的椰子汁。

做這道菜時，建議你唱誦咒語 *Guroo Guroo Wha-hay Gurooo, Guroo Raam Daas Guroo*。羅姆達斯上師（Guru Ram Das）是錫克教第四代上師，而靈量瑜伽就是源自於羅姆達斯上師的會館流傳下來的。靈量瑜伽行者都承襲於此，一如瑜伽行者巴贊就是尊奉羅姆達斯上師為老師。

作法：
- 在大炒鍋中乾炒洋蔥、大蒜、薑、萊姆葉及檸檬香茅，直到香味四溢並充分混勻。
- 加上3橄欖油及新鮮辣椒，充分拌勻。
- 放入胡蘿蔔、綠皮胡瓜及甘藷，依三角形的形狀拌炒數次。
- 接著，加入椰漿和足量的生命之水以蓋過所有的蔬菜。煮至沸騰後轉小火燉煮至蔬菜軟化。
- 在煮蔬菜的同時，處理米粉。在大平底鍋中加入水煮至沸騰。將米粉浸泡在煮沸的水中，然後轉小火。依照米粉外包裝的指示煮米粉。
- 當米粉煮至有彈性，瀝乾水分後分次放入燉煮的蔬菜中，一次量不要太多，以確保米粉和蔬菜都能均勻沾裹椰醬。
- 加入嫩菠菜，再次拌勻，然後以天然釀造大豆醬油依個人口味調味。
- 灑上碎花生及新鮮芫荽點綴。滴上數滴芝麻油以增加風味。

Sat Nam

至日綠豆飯〈至日飲食〉(Solstice mung beans and rice〈the solstice diet〉)

材料：
- 1份雙手量的綠豆，洗淨
- 1份雙手量的白印度香米，洗淨
- 1顆大洋蔥，切丁
- 9瓣大蒜，壓碎
- 2塊2至3公分大小的新鮮薑，磨碎
- 1小顆捲心萵苣
- 至日辣醬（見p.72）

常備材料：
- 生命之水
- 蔬菜油
- 薑黃
- 紅辣椒片
- 海鹽

至日餐：
- 早餐
- 2顆柳橙
- 2根香蕉
- 至日晨湯（見p.72）

晚餐
- 至日綠豆飯（見本食譜）
- 至日辣醬（見p.72）
- 蒸胡蘿蔔片及甜菜

（圖見p.73）

　　這個食譜是著名至日飲食中的一部分，是瑜伽行者巴贊在美國及法國時，為了重要的冬至節及夏至節所提出的飲食。瑜伽行者巴贊建議遵循這樣的飲食為期十日，在此期間同時練習「喚醒內在療癒能力：一種可以啟發自身治療力的治療修習（Awakening the Inner Healer： a healing sadhana to initiate the healing zone in you〈1985年11月由瑜伽行者巴贊首度教授〉）。

　　這道餐食可增加血液的鹼性。由於大多數人的飲食多半為酸性的食物（諸如糖、乳製品及咖啡），因此，增加鹼性以維持系統平衡就變得很重要。如果血液的酸鹼值失衡，身體就無法有效地利用食物中的酵素，且無法適當地吸收微量營養素、維生素、礦物質及脂肪酸。

　　至日餐含有豐富的纖維質，且極具淨化力，使身體進行冥想較為順利。遵行這道飲食的期間應喝大量的生命之水、淨化的水或礦泉水。在本食譜左下方列有該如何製作本飲食的摘要。

　　這道至日綠豆飯的食譜由瑜伽行者巴贊提供，用於至日飲食中的晚餐部分，作為一天中最主要的一餐。之所以如此，是因為由於中餐都不進食，除非是在「密宗日」（Tantric Days）進行這種飲食，或者是孩童及孕婦。

作法：
- 在大平底鍋中放入洗淨的綠豆及香米，然後加入7份雙手量的生命之水。蓋上鍋蓋，煮至沸騰，接著再轉小火煮15分鐘。煮好後不要瀝乾水分。
- 在煮綠豆及米的同時，在炒鍋中淋上2圈蔬菜油加熱。加入洋蔥、大蒜及薑。
- 加入各1大份抓取量的薑黃及紅辣椒片。
- 依照無限大符號（∞）的形狀攪拌，如有必要可加數滴水以避免燒焦。
- 拌炒4分鐘後加入煮好的綠豆及香米（連同煮綠豆及米的水）。以海鹽調味。
- 調味後，繼續燉煮31分鐘，或鍋中物已呈濃湯狀，米已完全煮爛且綠豆都軟化。這時候可能需要加入更多的生命之水。
- 一旦煮好，將綠豆飯盛入盤中，並加上一勺至日辣醬。
- 以整片的捲心萵苣葉一起供應。用葉片做湯匙挖取至日綠豆飯食用。

Sat Nam

至日辣醬（Solstice hot sauce）

　　至日辣醬是一種極辣的醬料，可用於任何菜餚或餐食。它原本是墨西哥醬料，後來被靈量瑜伽用於夏至或冬至。把這個醬料存放在冰箱愈久，愈有時間讓風味成熟，則所呈現出的口感愈好。因此，建議做好這道醬料後，至少放冰箱兩天後再食用。

材料：
- 3顆大洋蔥，切碎
- 1份雙手量的羅望子濃縮醬（tamarind concentrate）
- 2至3份雙手量的芝麻油
- 2份雙手量的蘋果醋
- 10小根完整的紅辣椒乾
- 9份抓取量的乾紅辣椒片

常備材料：
- 生命之水
- 薑黃

備註：
2份雙手量的液量等於250毫升，或8液量盎斯，或1杯

作法：
- 將切碎的洋蔥放入大玻璃碗中，並灑上9份抓取量的乾紅辣椒片。
- 以2份雙手量的生命之水稀釋羅望子濃縮醬。將稀釋完成的醬加至洋蔥及辣椒的混合物中，充分拌勻後加入芝麻油，再次拌勻。
- 灑上3份抓取量的薑黃，然後加入蘋果醋及完整的辣椒乾。
- 依無限大符號（∞）的形狀攪拌，一邊攪拌一邊唱誦 *Har-Har*。
- 攪拌完成後，將醬料放置冰箱，最快隔夜方可使用。

Sat Nam

至日晨湯（Solstice morning soup）

　　這道湯可以增加血液的鹼性及促進精神上的平衡，是進行至日飲食時的早餐。為了平衡辛辣的口感，可以依照個人需要加入一片香蕉。

　　為紀念瑜伽行者巴贊在至日節慶上的優雅風度，因此建議在調製這道美食時所唱誦的美麗咒語為 *Akal, Maha, Kal*（偉大不朽的死亡）。這個咒語具有強大的力量，可注入生命，並有助於去除恐懼及放鬆心靈。

材料：
- 2顆馬鈴薯
- 1整根芹菜
- 1顆洋蔥
- 2大瓣大蒜，壓碎
- 1根香蕉，切片（非必要的）

常備材料：
- 生命之水
- 天然釀造大豆醬油
- 橄欖油
- 辣椒粉
- 薑黃
- 磨碎的小茴香
- 磨碎的芫荽
- 卡宴辣椒粉

作法：
- 馬鈴薯切片，芹菜及洋蔥切丁，這三種蔬菜切完後的數量必須相等，因此，如果其中某種蔬菜不夠，就需額外加量補足。
- 將馬鈴薯放入平底鍋中。上面鋪上切丁的芹菜及洋蔥，然後加入足量的生命之水以蓋過所有蔬菜。
- 灑上數滴大豆醬油，然後燉煮至所有蔬菜都軟化。
- 在燉煮蔬菜的同時，在另一個空鍋中淋上2圈橄欖油，加入6份抓取量的紅辣椒粉，各3份抓取量的薑黃、磨碎小茴香及磨碎芫荽，再加上1撮卡宴辣椒粉，以小火乾炒。要注意不要炒焦這些辛香料，但要炒出辛香料的香味。
- 當蔬菜軟化時，將炒好的辛香料加入湯中充分混合。
- 供應時再加入壓碎的大蒜，並配上1片香蕉以平衡辛辣的口感（非必要的）。
- 為了方便於早上供應，可以前一晚先煮好，早上再加熱即可。

Sat Nam

上圖：至日晨湯

中圖：至日辣醬

下圖：至日綠豆飯

綠豆咖哩（Mung beans sat curry）

材料：
· 2份單手量的綠豆
· 1顆洋蔥，切丁
· 7瓣大蒜，壓碎
· 4根胡蘿蔔，切丁
· 4顆中型馬鈴薯，切丁
· 4大份單手量的嫩菠菜

常備材料：
· 生命之水
· 蔬菜油
· 瑜伽香料或格蘭馬撒拉綜合香辛料
· 咖哩粉
· 卡宴紅椒粉
· 薑黃
· 芥茉子
· 瑜伽或有機高湯塊
· 天然釀造大豆醬油

這是一道非常棒的瑜伽速食。當為一大群人烹調這道美食時，可以用簡單的方式計算綠豆用量，即每一份單手量的綠豆為兩人份。綠豆咖哩是道陽剛的菜餚，可征服邪惡，適合這道菜的咒語為 *Har Singh Nar Singh*（見p.155）。

作法：
· 用大量的水將綠豆泡一夜後，瀝乾再沖一次水。
· 將泡好的綠豆放入平底鍋中並加入大量的水。煮至綠豆軟化，約需1＋1/2小時。煮好後再次將綠豆瀝乾，放置一旁。
· 在平底鍋加入幾滴水乾炒洋蔥及大蒜。
· 淋上2圈蔬菜油，加入各3份抓取量的瑜伽香料（或格蘭馬撒拉綜合香辛料）、咖哩粉、卡宴辣椒粉、薑黃及芥茉子。依畫圓的方式充分拌勻。
· 加入胡蘿蔔及馬鈴薯，拌炒均勻，讓食材能均勻沾裹辛香料。加入2顆高湯塊及足量的生命之水，水量需完全覆蓋蔬菜，然後小火燉煮至所有蔬菜軟化。
· 當蔬菜煮好時，加入煮好的綠豆及嫩菠菜。繼續以小火燉煮至所有食材都入味且熱透。
· 可依個人喜好決定是否以大豆醬油調味，然後即可供應。

Sat Nam

綠豆泥（Mung beans nam dhal）

材料：
· 2份單手量的綠豆
· 4瓣大蒜，壓碎
· 1塊2至3公分大小的新鮮薑，磨碎
· 1顆中型紫洋蔥，切丁
· 新鮮的羅勒葉（裝飾用）

常備材料：
· 橄欖油
· 瑜伽香料或格蘭馬撒拉綜合香辛料
· 磨碎的小茴香
· 奧勒岡
· 薑黃
· 磨碎的黑胡椒
· 卡宴辣椒粉
· 生命之水
· 天然釀造大豆醬油

這道豆泥和米飯、蔬菜及沙拉極為搭配。豆泥可用不同的豆類及扁豆製成，在這裡，我們選用綠豆。當燉煮豆泥時，唱誦咒語 *Jap Man Sat Nam*（見p.155）。這個咒語能藉著調整心靈達到太陽神（Har）的力量，亦即創造力無限及宇宙無限的歡愉，帶領你進入成功之路。

作法：
· 用大量的水將綠豆泡一夜，然後瀝乾。
· 以中火加熱平底鍋，淋上3圈橄欖油（代表三種不同的階級），加入大蒜、新鮮薑及切丁的紫洋蔥。
· 依照無限大符號（∞）的形狀，拌炒均勻。加入各1大撮的瑜伽香料（或格蘭馬撒拉綜合香辛料）、小茴香、奧勒岡、薑黃、磨碎的黑胡椒及1份捏取量的卡宴辣椒粉。卡宴辣椒粉的用量可依個人喜好辛辣程度做調整。充分拌勻之後再加入瀝乾的綠豆。
· 加入生命之水，水量要蓋過所有材料。煮至沸騰後轉小火，繼續燉煮至綠豆軟化，且湯汁呈濃稠狀。大約需要1＋1/2個小時。
· 以天然釀造大豆醬油調味，供應時再灑上切碎的新鮮羅勒葉做點綴。

Sat Nam

麻醬綠豆輕沙拉（Mung beans light salad with sesame sauce）

作為主菜旁的配菜，這道沙拉既可以熱食也可以冷食。在許多非洲國家，這是一道很受歡迎的沙拉。這裡，我們以瑜伽的方式來呈現這道菜。

材料：
- 2份單手量的綠豆
- 1顆中型紫洋蔥，切丁
- 1顆大番茄，切丁
- 1根胡蘿蔔，切丁
- 1份抓取量的切碎新鮮薄荷
- 1份單手量的嫩菠菜
- 半顆檸檬榨汁

常備材料：
- 橄欖油
- 有機芝麻醬
- 生命之水
- 天然釀造大豆醬油
- 芝麻

作法：
- 用大量的水將綠豆泡一夜，然後瀝乾。
- 在大平底鍋中加水煮浸泡過的綠豆，煮至剛熟有彈性即可。約莫需要1小時。要充分表現這道菜風味，很重要的一點就是綠豆不能煮太爛。
- 在炒鍋中以1圈橄欖油炒切丁的紫洋蔥，直到洋蔥軟化並呈金黃色。加入切丁的番茄及胡蘿蔔拌炒，以強化位於下方的輪穴，然後再加入煮好的綠豆繼續炒。接著再加入新鮮薄荷葉及嫩菠菜拌炒，以強化心輪。
- 充分拌勻後，慢慢淋上芝麻醬汁（作法見下方），並灑上微烤後的芝麻。可趁熱供應或做為冷盤。
- 芝麻醬汁作法：
  在小玻璃碗中加入等量的芝麻醬及生命之水（建議以各三匙調合）。攪拌均勻後，加入半顆檸檬所榨出的汁。如果如此調出的醬汁過稀，就多加些芝麻醬。最後數滴天然釀造大豆醬油調味，完成後放置一旁待用。

Sat Nam

神聖香草飯（Divine basmati rice with herbs）

材料：
- 2份單手量的白印度香米
- 1顆白洋蔥，切丁
- 1顆紫洋蔥，切丁
- 4瓣大蒜，壓碎
- 2大份單手量的嫩菠菜
- 1份單手量的新鮮羅勒，切碎
- 1份單手量的新鮮薄荷，切碎
- 1份單手量的新鮮巴西利，切碎
- 綜合新鮮香草（裝飾用）

常備材料：
- 瑜伽或有機高湯塊
- 生命之水
- 海鹽
- 橄欖油

呼吸是靈量瑜伽中重要的一環。瑜伽行者巴贊稱其為「神的溫柔眷顧」。當煮米之時，利用機會練習火焰呼吸法（見p.30），這是一種強有力能淨化的呼吸法。它能改變細胞的磁場，保護你不受電磁場污染的影響。

作法：
- 以流動的水（讓自來水一直流）徹底洗淨香米。
- 在炒鍋中乾炒白洋蔥及紫洋蔥，為避免炒焦可加數滴水來炒。
- 當洋蔥炒軟時，加入大蒜。繼續拌炒至大蒜的味道滲透至洋蔥裡。加入洗好的米，依三角形的形狀繼續拌炒。
- 將高湯塊剝碎加入，然後加入生命之水以蓋過米。
- 加入嫩菠菜、新鮮的羅勒、薄荷及巴西利。以小火燉煮，直到所有湯汁都被米吸收。以海鹽調味。
- 供應時，灑上細細切碎的綜合香草，並滴上少許橄欖油。這道菜所具有的溫和地中海風味與蒸蔬菜、新鮮綠葉沙拉或綠豆芽極為搭配。

Sat Nam

哥賓蔬菜綠豆飯（Gobind rice, seeds and vegetables）

材料：
- 1份雙手量的綠豆
- 2份雙手量的白印度香米
- 2張烤過的海苔片，切絲
- 1顆酪梨，切丁
- 1塊2至3公分的新鮮薑，磨碎

常備材料：
- 生命之水
- 芝麻
- 南瓜子
- 葵瓜子
- 天然釀造大豆醬油
- 芝麻油

這道美食會令人聯想到日本壽司，雖然不像壽司有煩瑣的製備過程，但卻絲毫不減它的美味，由於使用了大量的種子類，因此，每一口都充滿了香氣和咀嚼的口感。

在食用時，可以享受到具有咀嚼感的綜合米飯，和柔軟酪梨所組合而成的特殊口感。哥賓辛上師正是一位這樣不尋常的人，除了是一位勇士之外，也是一位著名的詩人。1684年，他寫下了「*Var Sri Bhagauti Ji Ki*」，一般稱為「*Chandi di Var*」。詩中談論的是神靈與惡魔間的對抗。這個帶有戰鬥性質的主題，將尚武的精神灌輸到哥賓上師的追隨者心中，使他們有起而對抗不公不義及暴政的準備。

作法：
- 用大量的水將綠豆泡一夜後瀝乾。然後放入平底鍋中加生命之水煮。煮至綠豆半熟有彈性。
- 徹底洗淨香米，放置一旁。
- 將半熟的綠豆及洗淨的米放入一個大的平底鍋中，再加入各1份單手量的芝麻、南瓜子及葵瓜子。
- 以中火翻炒數次，然後加入足量的生命之水以完全覆蓋所有材料，煮至沸騰。
- 加入2圈大豆醬油及切絲的海苔片。轉小火，蓋上鍋蓋燉煮11分鐘，或是直到所有湯汁都被米吸收即可。盛至供應盤。
- 灑上切丁的酪梨及磨碎的薑。滴上芝麻油即可食用。

Sat Nam

綠豆米布丁（Rice and mung beans ma pudding）

材料：
- 1份雙手量綠豆
- 1份雙手量的白印度香米
- 8顆去核椰棗（pitted dates），切丁
- 2塊2至3公分大小的新鮮薑，磨碎
- 1小顆蘋果，磨碎

常備材料：
- 椰漿或米漿
- 帶莢小豆蔻
- 蜂蜜
- 芝麻

這道甜點不像其他的綠豆及米的菜餚。你可選用米漿或椰漿，而且如果不喜歡濃膩的口感，也可以用生命之水代替。這道美食非常營養，且正反應出瑜伽行者巴贊對女性的讚揚。他曾說世上只有四種力量：祈禱的力量；母親祈禱的力量；至愛之人祈禱的力量；高尚女性祈禱的力量。

作法：
- 以大量的水將綠豆浸泡一夜後瀝乾。
- 將香米及綠豆放入鍋中，加入等量的椰漿或米漿去覆蓋米和綠豆，也就是大約250毫升，或8液量盎斯，或1杯。
- 加入椰棗以增加風味，並加入薑、1個帶莢小豆蔻及4圈蜂蜜。以小火燉煮22至31分鐘，或直到所有液體被米吸收為止。
- 在供應前，灑上切絲蘋果及芝麻做點綴。

Sat Nam

蜂蜜綠豆米蒸糕（Rice ra mung beans and honey steamer cake）

材料：
- 1份雙手量的壽司米
- 1份雙手量的綠豆
- 4份抓取量的粗糖（不要用白糖）
- 4匙蜂蜜
- 1塊2至3公分大小的新鮮薑，磨碎
- 瑜伽奶油醬（見p.119）（非必要）
- 果醬（非必要）

這是一道瑜伽版的傳統日式布丁，以精緻的個人小竹蒸籠盛裝供應。所使用的材料非常簡單，且製備方式也很容易。要做出成品，需要蒸62分鐘。在期待美食的62分鐘裡，進行你最愛的靜坐冥想。

作法：
- 將米和綠豆放在不同容器內，泡一夜後瀝乾並再次沖淨。
- 把綠豆煮11分鐘。
- 把泡好的米放進食物調理機中打成米糊。加糖（這是蒸糕細膩的甜味來源），放置一旁備用。
- 瀝乾煮好的綠豆，放進食物調理機打成綠豆泥。加入4大圈的蜂蜜（大約是4匙）及磨碎的薑。
- 在直徑約20公分（8英吋）的竹蒸籠內鋪上一層薄棉布（包乳酪用的紗布亦可）。將多餘的布摺入邊緣以使底部平整。
- 先倒一半的綠豆泥至竹蒸籠內，接著再倒入濃稠的米糊，最後把另一半的綠豆泥再倒入。每倒入一層材料時，需讓空氣排出，讓表面平整，使不同層的材料能夠緊密結合，如此蒸好的蒸糕在取出時才不會層層分離。
- 將蒸籠放在平底鍋上加水蒸，水滾後以小火蒸62分鐘。
- 如果以熱食供應，就搭配瑜伽奶油醬。如果以冷食點心的方式供應就搭配果醬。
- 這道蒸糕存放冰箱可於一天內食用。請勿以冷凍方式保存。

Sat Nam

芝麻蜂蜜米餅（Sesame sa seed honey spread with rice cake）

　　芝麻蜜餅（Halva）是中東最受歡迎的甜點之一；本食譜是經改良過的健康版，其傳統的風味來自抹在米餅上的醬料。而為了減少攝食會耗損生命力的加工食品，食譜中以蜂蜜取代了糖。

　　這道可口的點心容易做而且營養豐富。其中，芝麻更是含有蛋白質、鐵、鈣及鎂。

材料：
- 1罐芝麻醬（約330毫升，或1＋1/2液量盎斯）
- 適量蜂蜜
- 生命之水
- 無鹽的有機米餅
- 新鮮的薄荷葉（裝飾用）
- 新鮮水果切片（裝飾用）

作法：
- 以湯匙將芝麻醬取出放至大碗中，依畫圓的方式快速拌打。
- 以滴淋的方式加入數匙蜂蜜。充分和芝麻醬拌勻。蜂蜜的用量，可依個人口味增加。為了使芝麻醬稀一些，攪拌時加入幾滴生命之水。
- 供應時，在米餅上塗抹大量的芝麻蜂蜜醬。每一片米餅都以薄荷葉及數片的切片水果（諸如奇異果或香蕉）裝飾。

Sat Nam

圖：上師水果早餐

水果、堅果與蔬菜

淨化並重建身體

水果、堅果及蔬菜是所有瑜伽行者每日飲食不可或缺的項目。因為它們富含纖維、維生素與礦物質，同時也是維繫良好健康的基礎。許多蔬菜，特別是像綠色、葉菜及多汁的蔬菜種類，具有使血液鹼化的作用，可使身體保持應有的酸鹼平衡。而我們常吃的糖、脂肪、咖啡及加工食品，會酸化血液；因此，保持適當的酸鹼平衡是良好健康的關鍵。

進行水果、堅果及蔬菜飲食的另一個好處是，堅果類含有豐富的蛋白質、必需脂肪酸及纖維。此外，完全水果、堅果及蔬菜的飲食因為含有豐富的纖維質，有助於排泄。當消化道蠕動順暢時，結腸中積存的廢物就會減少，因此，被吸收回血流中的毒素也會減少。

過度烹調會破壞水果蔬菜中的天然養分。因此，在本章的食譜裡，如果有需要加熱烹調者，只主張「略微烹調」。生食或僅經略微烹調的蔬果，風味極佳；同時也會發現，不需要太多調味料就可以使菜餚美味可口。

除了一般水果、堅果及蔬菜的食譜外，本章還收錄了特殊的靈量瑜伽飲食類別——水果斷食餐、香蕉斷食餐及甜瓜餐。但是，這些飲食方式只適合曾有斷食經驗的人；最好的方式是先遵循四十天的綠豆米食餐，再考慮斷食餐。

上師水果早餐（Guru's fruit and nut muesli）

材料：
- 2顆蘋果，去核磨碎
- 1塊2至3分公大小的新鮮薑，磨碎
- 1至2份單手量的乾椰絲
- 芝麻醬
- 1匙蜂蜜
- 1份單手量的葡萄乾
- 1份單手量的綜合堅果，切碎
- 磨碎的肉桂

（成品量為2人份）

（圖見p.80）

　　這道早餐可以使一天有個美好的開始。你可以選用任何乾燥及新鮮的水果或乾果仁，只要記住基本配方中一定要包括蘋果、椰子和薑。當準備這道堅果早餐時，以唱誦咒語 *Laya Yoga Kundalini* 七分鐘作為一天的序幕（見p.155）。傳統上，這個咒語是在早晨修習薩丹納（sadhana）時唱誦的，不需要任何樂器的伴奏。在唱誦時，會活化脊柱底部的靈性能量，啟動個人靈魂與宇宙聖靈之間的關係。

作法：
- 磨碎蘋果和薑，平均分配到兩個碗中。
- 在每一個碗裡加入一半份量的椰絲、1匙芝麻醬和1匙蜂蜜，也可依個人喜好增減用量。
- 將葡萄乾及切碎的堅果平均分配成兩份，灑在每一碗的食物上方。欲使風味更佳，可灑上肉桂。

Sat Nam

水果玉米粥（Corn sa porridge and fruit）

材料：
- 2份雙手量的有機玉米粉
- 生命之水
- 1顆瑜伽或有機高湯塊
- 1個帶莢小豆蔻
- 1個八角（star anise）
- 2份雙手量的果仁及水果，可隨意組合
- 蜂蜜

　　這道美食不僅可作為精緻的早餐，也可以搭配新鮮的沙拉堅果餐或是蔬菜餐，當作一道可愛的餐後甜點。

　　咒語 *Waah Yantee, Kaar Yantee*（見p.155）非常適合早晨，因為這個咒語充滿了光明的能量。在準備這道早餐時唱誦這個咒語，將能量帶進一天之中。這些話來自聖者帕坦伽利（Patanjali），是他將瑜伽研究詳加分類。因此，這道美食蘊含著數千年的祈禱。

作法：
- 將大平底鍋以中火加熱。把玉米粉倒進鍋中以畫圓的方式攪拌一會兒。留意鍋中玉米粉的高度，因為稍後加水時，水和粉的比例為4：1。
- 當玉米粉轉為淡褐色時，將鍋自爐火上移開，並將鍋中物盛裝至另一個容器中。放置一旁待用。
- 用同一個平底鍋，加入生命之水。
- 加入高湯塊，轉小火後攪拌。當高湯塊溶解後，慢慢倒入玉米粉中，倒的時候，要一邊攪拌一邊唱誦咒語。
- 將小豆蔻的子自豆莢中取出。把豆蔻子和八角一起加入玉米粥中。充分拌勻後，讓香料的美味逐漸滲透至整碗粥。
- 供應前再加入果仁及水果。
- 依個人口味以蜂蜜調味。

Sat Nam

活力水果沙拉（Rejuvenating ma fruit salad）

材料：

所有配方的共同材料：
- 1份單手量的新鮮薄荷
- 1份單手量的龍蒿（tarragon）
- 1塊2至3分公大小的新鮮薑，磨碎
- 蜂蜜

配方一：微甜
- 2份單手量的綜合果仁
- 1顆鳳梨，切丁
- 2顆柳橙，切成數片
- 1顆百香果的果漿

配方二：一般甜度
- 1顆木瓜，切丁
- 1顆芒果，切丁
- 1顆梨子，切丁
- 1顆桃子，切丁
- 2顆奇異果，切丁
- 1顆蘋果，切條
- 1份單手量的葡萄

配方三：特甜
- 4顆新鮮無花果，切成數片
- 2根香蕉，切片
- 8顆新鮮椰棗，切碎
- 1份單手量的綜合水果乾
- 生命之水

這個食譜用了三類不同的水果去製作不同的水果沙拉，三者之間的共同材料是薑、薄荷、龍蒿及蜂蜜。這道水果沙拉可作為一餐主食，也可當作前菜或甜點，如果作為前菜或甜點，需在正餐前或後一小時食用。

美味的水果沙拉也極適合分享給親朋好友，在靈量瑜伽裡，分享食物不僅是社交元素，它更是一種傳統，它能使人們聚在一起修習瑜伽，因而群體的能量得以聚合為一。人們在相同的波動裡溝通，創造集體意識。如果不想進行薩丹納（sadhana）修習法，也可以藉由唱誦簡單的 *Sat Naam* 來達到和諧的境界。

作法：
- 不論採用那一種配方，都先將配方中的水果處理好放置碗中，以手攪拌均勻。
- 將新鮮的薄荷及龍蒿粗略切碎，並將薑磨碎。
- 將薄荷、龍蒿及薑加入水果中，充分拌勻。
- 以蜂蜜調出甜味。
- 誦唸一長聲的 *Maaaa*，將太陽的能量帶進沙拉中，然後即可供應食用。
- 如果採用的是特甜配方，可用和水果乾等量的生命之水先浸泡綜合水果乾，至少需浸泡62分鐘，如果浸泡一夜更好。然後再把泡好的水果乾及未被完全吸收的水，一起加入沙拉中。

Sat Nam

水果果仁泥（Fruit and nut hey smoothie）

材料：
- 1份單手量的生杏仁
- 1份單手量的核桃
- 生命之水
- 1份單手量的南瓜子
- 1份單手量的葡萄乾
- 1份雙手量的藍莓
- 2根香蕉
- 1小顆芒果，只能用新鮮的
- 1塊2至3公分大小的新鮮薑，磨碎
- 1杯（250毫升／8液量盎斯）不加糖的鳳梨汁

這道可口的甜品不含任何優酪乳、牛奶或乳脂，是一道以杯子盛裝的平衡餐。它的豐富口感來自浸泡11小時，甚至整夜的堅果。浸泡的過程，使堅果重新充滿能量進而產生健康的酵素。為了使效果更佳，應進行「最佳健康淨化法」（*Kriya for Optimum Health*）（見p.148～150）。

作法：
- 分別在兩個碗中，以大量的生命之水浸泡生的杏仁及核桃，各浸泡11小時。
- 浸泡完成後，瀝乾這些堅果，將杏仁的外皮剝除，然後將杏仁、核桃，及其他所有材料一起放入食物調理機。如果杏仁的外皮不易除去，就將杏仁放入沸水中浸泡10秒，再瀝乾去皮。
- 啟動食物調理機，將食材打至平滑泥狀。

Sat Nam

甜菜胡蘿蔔與堅果醬（Beetroot and carrot ji stew with nut sauce）

材料：
- 4顆甜菜，切丁
- 5根胡蘿蔔，切丁
- 1顆紫色洋蔥，切丁
- 4瓣大蒜，壓碎
- 巴西利葉（裝飾用）

常備材料：
- 腰果
- 夏威夷豆（或稱火山豆，macadamia nuts）
- 橄欖油
- 1個帶莢小荳蔻，取出豆莢中的子
- 乾的紅辣椒片
- 生命之水
- 海鹽

這道燉菜是根據瑜伽行者巴贊原有的食譜，利用多用途且富含能量的堅果醬作為乳酪的替代品。選用甜菜，表示這道燉菜不但可口，同時對肝臟及消化道也具有良好的淨化作用。搭配這道美食，宜進行瑜伽行者巴贊的排毒淨化法（Detoxification Kriya）（見p.142～144）

作法：
- 將腰果及夏威夷豆浸泡8小時或一整夜。這兩者是用來製作堅果醬的（作法見下方）。
- 將甜菜及胡蘿蔔放入蒸籠裡蒸。蒸到軟化，但仍保有完整形狀。
- 在蒸蔬菜時，在炒鍋中以數滴水及橄欖油炒紫色洋蔥。
- 加入壓碎的大蒜及小豆蔻子。依無限大符號（∞）的形狀攪拌，直到充分拌勻。加入1份抓取量的紅辣椒片。
- 當甜菜及胡蘿蔔蒸好時，將炒好的洋蔥及香料混合物加入充分拌勻。以海鹽調味。
- 供應時，先將堅果醬淋在盤子上（見下方圖片）。然後將燉菜放在醬的上方，並且以巴西利葉做裝飾。
- 堅果醬作法：
  將泡好的腰果及夏威夷豆放入食物調理機中，加上1圈的橄欖油一起打碎成滑潤綿密的堅果醬。為使成品較滑潤，可加些生命之水。

Sat Nam

輪穴堅果蔬菜湯（Nut and chakra vegetable soup）

綜合堅果與蔬菜的超級組合使這道菜就像發電廠一般，可製造出充沛能量改變生活。大部分人的意識狀態被視為一種情境，會影響呼吸及心靈的型態，有些影響是靜態的，有些則是動態的。藉由改變身體的情境及呼吸韻律，甚至透過波動，你可以改變身處的狀態。因此，要保持脊柱挺直，將心往天的方向提昇，讓肩自然垂向地面，心中存著愛的思想。

材料：
- 1份單手量的綜合堅果
- 1份單手量的南瓜子
- 4顆馬鈴薯，切丁
- 4根胡蘿蔔，切丁
- 4根芹菜莖，切片
- 2顆洋蔥，切丁
- 1顆綠花椰菜，只要頂部，剝成一朵朵小花狀
- 4瓣大蒜
- 1份單手量的巴西利葉，粗略切碎

常備材料：
- 橄欖油
- 生命之水
- 瑜伽或有機高湯塊
- 天然釀造大豆醬油
- 紅色辣椒片（非必要的）

作法：
- 將綜合堅果及南瓜子分置兩個碗中，浸泡11小時。
- 將大平底鍋以中火加熱。然後放入處理好的馬鈴薯、胡蘿蔔、芹菜莖、洋蔥、綠花椰菜及大蒜，淋上4圈橄欖油。依無限大符號（∞）的形狀一起拌炒。
- 加入足量的生命之水，水量剛蓋過蔬菜即可。加入高湯塊。
- 將鍋中水煮至沸騰後，轉小火，將蔬菜燉煮至軟化。
- 當燉煮蔬菜時，將綜合堅果及南瓜子瀝乾，放進食物調理機中，加入1：1的生命之水及橄欖油的油水混合物，直到液面與堅果量等高。啟動開關打成平滑的堅果泥。
- 當蔬菜煮好時，將堅果泥及巴西利葉加入燉煮的湯中。依畫圓的方式攪拌3次，然後將平底鍋自爐火上移開。
- 這樣就可以供食用，或者將整鍋湯打成濃湯再供應。供應時以大豆醬油調味。
- 最後再灑上1小撮捏取量的紅辣椒片（非必要的）。

Sat Nam

烤蔬菜與堅果種子醬（Grilled veg with nut and seed da cream）

材料：
- 1份單手量的綜合堅果
- 1份單手量的南瓜子
- 1顆檸檬榨汁
- 1份單手量的新鮮羅勒，切碎
- 1份單手量的新鮮薄荷，切碎
- 1顆甘藷（地瓜）
- 1顆紫色洋蔥
- 4根胡蘿蔔
- 1個茴香球莖
- 2條綠皮胡瓜
- 新鮮羅勒葉
- 4瓣大蒜
- 番茄汁

常備材料：
- 橄欖油
- 天然釀造大豆醬油
- 卡宴辣椒粉
- 磨碎的小茴香
- 乾薄荷（非必要的）
- 乾羅勒（非必要的）

　　這道菜餚中所用的蔬菜必須先醃過再烤，因而會產生悅人的地中海特色。當醃蔬菜時，建議你進行Raa Maa Daa Saa Saa Say So Hung治療冥想（Raa Maa Daa Saa Saa Say So Hung Healing Meditation），以自我治療及祈求寧靜（見p.153）。食材中的甘藷不但含有地面及土壤的能量，也含有豐富的營養素。

作法：
- 將綜合堅果及南瓜子分別放置兩個碗裡，各浸泡11小時。這是用來做堅果種子醬（作法見下方）。
- 調製醃蔬菜的醃汁，材料包括1顆檸檬榨出的汁、切碎的羅勒及薄荷、4圈橄欖油、18滴大豆醬油、1小份捏取量的卡宴辣椒粉及1份抓取量的小茴香粉。如果沒有新鮮的香草，可以改用乾燥的羅勒及薄荷。
- 甘藷、紫色洋蔥、胡蘿蔔、茴香球莖及綠皮胡瓜全部都切成薄片。
- 將調好的蔬菜醃汁倒在切好薄片的蔬菜上，讓蔬菜醃62分鐘。
- 將醃好的蔬菜放在烤架上烤11分鐘，如有需要可翻面烤，以確保兩面一樣熟。
- 將堅果種子醬盛入供應盤中。然後將烤好的蔬菜放在醬的中央，再以新鮮羅勒葉裝飾。
- 堅果種子醬作法：
將泡好的堅果及南瓜子瀝乾，放入食物調理機中，再加上4大蒜及足量的番茄汁以蓋過所有材料。加入8滴大豆醬油及1圈橄欖油。啟動開關，將材料打成平滑綿密的泥狀即可。

Sat Nam

堅果球（Nut and seed ram cream cheese）

材料：
- 2份單手量的南瓜子
- 2份單手量的葵瓜子
- 2份單手量的綜合堅果
- 4瓣大蒜
- 1份單手量的新鮮薄荷

常備材料：
- 橄欖油
- 蘋果醋
- 天然釀造大豆醬油
- 芝麻醬
- 生命之水
- 烤過的芝麻（非必要的）
- 乾的綜合香草（非必要的）

　　這道美食可作為瑜伽及無乳製品飲食中的開胃菜，在1999年的新年慶祝晚宴中也曾出現。它可以搭配任何餐食，如果單獨搭配麵包食用也非常美味。如果是在迎接新年時心中帶著歡愉地享用這道菜餚，就可以唱著「神與我，我與神是一體」（*God and Me, Me and God are One*）。

作法：
- 將南瓜子、葵瓜子放置一個碗中，綜合堅果放置另一個碗中，各浸泡11小時。
- 瀝乾所有的種子和堅果，放入食物調理機中。加上大蒜與新鮮薄荷、4圈橄欖油、各18滴的大豆醬油及蘋果醋、2大匙芝麻醬。
- 啟動開關，將所有材料打成像奶油乳酪一般的濃糊。可能要加上幾滴生命之水，以使所有材料能平均地結合。嚐一下味道，如果喜歡芝麻的味道濃些，就再加一些芝麻醬。
- 如果是作為開胃菜，就把打好的濃糊整形為小圓球。一半圓球外裹芝麻，另一半則外裹乾的香草。與嫩綠葉沙拉或口袋麵包一起供應。
- 也可以當成奶油乳酪的替代品。

Sat Nam

地中海燉菜（Mediterranean hey vegetable stew）

傳統的燉菜是以肉類為主，但這道帶有中東與地中海色彩的燉菜卻是完全以蔬菜、堅果及香料為主。口感豐富，且由於可事前準備，讓它慢慢燉，因此非常適合大型聚會。

燉菜除了應用性廣泛之外，更棒的是它具體呈現靈量瑜伽的持名（simran）的觀念，也就是冥想的目標。這是一種自經歷深處湧出持續的、冥想的、渴望創造的感覺，就和燉菜一樣。

Simran 也是一個神靈的名號，我們將這道菜獻給所有稱為這個名字的人，特別是倫敦的Seva Simran Kaur（Eve de Meza），一位靈量瑜伽的優秀導師。

作法：

- 在大平底鍋以中火乾炒洋蔥、韭菜及大蒜。如果鍋中材料開始焦化沾鍋，就灑上數滴生命之水。
- 加入馬鈴薯、胡蘿蔔、綠皮胡瓜及番茄。依三角形的形狀攪拌。
- 加入各1份抓取量的小茴香子、紅椒粉及薑黃。
- 倒入足夠的生命之水以蓋過所有蔬菜。剝兩塊高湯塊加入。
- 加入1圈的大豆醬油後（或依個人喜好增減），煮至沸騰。不要加蓋繼續燉煮至所有湯汁減少，且蔬菜均軟化。
- 在燉煮蔬菜時，將南瓜子及芝麻放入炒鍋中以小火烘烤。烘烤完成後略放涼，再與切碎的巴西利拌勻。
- 供應時，將燉蔬菜盛入深碗中，並灑上烤芝麻與巴西利的混合物。

Sat Nam

材料：

- 2顆洋蔥，切丁
- 1根韭菜，切片
- 7瓣大蒜，壓碎
- 4顆馬鈴薯，削皮後切丁
- 4根胡蘿蔔，削皮後切丁
- 4根綠皮胡瓜，削皮後切丁
- 4顆番茄，粗略切碎
- 1份單手量的南瓜子
- 1份單手量的芝麻
- 1份單手的巴西利，粗略切碎

常備材料：

- 小茴香子
- 紅椒粉
- 薑黃
- 生命之水
- 瑜伽或有機高湯塊
- 天然釀造大豆醬油

海帶芽蔬菜酪梨沙拉（Seaweed , vegetable and avocado salad）

這道沙拉可做為主菜，因為它富含蛋白質、維生素與礦物質，當然也可以作為餐食的配角。如果搭配蒸什錦根類蔬菜會顯得格外美味。

作法：

- 將海帶芽泡在溫水中直到軟化。瀝乾後和酪梨、小黃瓜及櫻桃蘿蔔一起放在大沙拉碗中。在攪拌均勻時唱誦 *Guru Ram Das*。
- 在海帶芽沙拉上淋醬汁（作法見下方）。灑上芝麻後供應。
- 醬汁作法：
  將1顆檸檬所榨的汁、3圈橄欖油、磨碎的薑、壓碎的大蒜，及11滴天然釀造的大豆醬油充分拌勻即可。

Sat Nam

材料：

- 1小包海帶芽（wakame seaweed）（50公克或＋13/4盎斯）
- 2顆酪梨，切丁
- 2根小黃瓜，切丁
- 2顆櫻桃蘿蔔，切丁
- 1顆檸檬榨汁
- 1塊2至3公分大小的新鮮薑，磨碎
- 1瓣大蒜，壓碎

常備材料：

- 橄欖油
- 天然釀造大豆醬油
- 芝麻

堅果烤蔬菜（Nut, seed and vegetable har bake）

材料：
- 1份單手量的亞麻子
- 4顆中型馬鈴薯
- 2顆洋蔥，切丁
- 1根韭菜，切片
- 4根大胡蘿蔔，磨碎
- 1份雙手量的南瓜子
- 1份雙手量的葵瓜子
- 1份雙手量的綜合堅果，切碎
- 綜合新鮮香草（裝飾用）

常備材料：
- 生命之水
- 瑜伽香料或格蘭馬撒拉綜合香料
- 薑黃
- 天然釀造大豆醬油
- 橄欖油

這道菜含有種種的祝福，因為它的風味就像天堂一般；它會使屋內充滿溫暖、可口的香氣；營養豐富；此外，它不但可以熱食作為正餐，也可以冷食作為點心。整道菜以根類蔬菜為主，同時也是可以開啟心胸的烘烤美食。基於這種種理由，最適合這道菜的美妙咒語為歡愉的上師咒語（*Guru Mantra of Ecstasy*）（見p.155）。

在唱誦咒語時，同時要做下列動作：左腳曲膝跪下，此時左腳後跟在左右臀之間放鬆，而右大腿直立對著胸口；合起雙掌於胸口中間宛如祈禱者；注視著鼻尖唱誦咒語22分鐘。

作法：
- 烤箱預熱至180℃／350℉。
- 將亞麻子放入食物調理機中加上2份雙手量的生命之水，浸泡17分鐘後啟動開關拌打成糊。
- 在平底鍋中加生命之水煮馬鈴薯、洋蔥及韭菜。煮至軟化後瀝乾，將馬鈴薯去皮後和洋蔥及韭菜一起壓成薯泥。
- 將完成的「薯泥」加到有亞麻子糊的食物調理機中，啟動開關拌打成濃稠而硬挺的質地。加入各1份抓取量的瑜伽香料（或格蘭馬撒拉綜合香料）及薑黃、18滴大豆醬油、3圈橄欖油。再次啟動開關攪拌均勻。
- 將薯泥混合物自食物調理機中盛出，放置一旁。
- 將調理機杯沖洗乾淨後，放入磨碎的胡蘿蔔，並加入1圈大豆醬油一起打成泥狀。如果太乾可加少許生命之水。
- 取一個大小適中的淺烤盤，將一半的薯泥先平均鋪在烤盤上，灑上一半的南瓜子、一半的葵瓜子及一半的切碎綜合堅果。接著再將胡蘿蔔泥平均鋪上，再將剩下的南瓜子、葵瓜子及堅果類灑上。最後再將另一半的薯泥平均鋪上。
- 烤放進已預熱的烤箱中烤45至62分鐘，或者表面烤至金黃色即可。自烤箱取出後灑上切碎的綜合香草。
- 趁熱與沙拉一起供應。

Sat Nam

堅果香草堡（Nut and herb burgers）

含有種子和堅果的蛋白質，使得成品具有營養的味道及感覺，家中一定都會喜歡這道堅果香草堡。這也是一道可以讓孩童一起參與製作的美食，在整理出漢堡形狀時可以唱誦上師咒語（*Guru Mantra*，見p.155）。

作法：

- 將堅果、種子、玉米粉、3圈橄欖油及少量大豆醬油放入食物調理機中。
- 將新鮮的芫荽及巴西利粗略切碎，也放入食物調理機中。
- 加入薑、大蒜及1小份捏取量的卡宴辣椒粉。啟動開關將所有材料攪碎拌打成粗麵糊，如果太乾，每次加入少許水拌打。如果有需要可調整一下味道。
- 以濕的手抓小團的麵糊整形為小漢堡狀，整理麵糊形狀時一邊唱誦 *Wha-hay Guroo*。
- 將整好形狀的堅果堡裹上芝麻。在煎鍋中淋上1或2圈橄欖油加熱，油熱後，一次放入數個堅果堡，煎至整個堅果堡熱透且兩面微焦黃。要煎完所有的堅果堡，可能要隨時再添加橄欖油。
- 供應時，堅果堡下方鋪沙拉葉或是馬鈴薯泥（作法見下方）。
- 馬鈴薯泥作法：
  將馬鈴薯以水煮至軟。待稍涼後剝皮，放在碗中加上1份抓取量的乾薄荷及少許橄欖油一起壓成薯泥。然後以海鹽調味。

Sat Nam

材料：

- 1份雙手量的綜合堅果
- 1份雙手量的綜合種子
- 1份單手量的玉米粉
- 1份單手量的新鮮芫荽
- 1份單手量的新鮮巴西利
- 1塊2至3公分大小的新鮮薑，細細磨碎
- 2瓣大蒜，壓碎
- 2大顆馬鈴薯（非必要的）

常備材料：

- 橄欖油
- 天然釀造大豆醬油
- 卡宴辣椒粉
- 芝麻
- 乾薄荷（非必要的）
- 海鹽

本食譜份量約可做8份堅果香草堡

青紅醬玉米餅（Polenta gobinde with red and green creams）

這是一道美味的主菜，很適合在特殊場合中供應。它也是非常獨特的餐食，因為玉米是非常有能量的食物，而所採用的醬汁可以平衡下方的輪穴及心輪。

作法：

- 用大平底鍋中裝生命之水。水和玉米粉的比例應為4：1。
- 將水煮滾後加入1份抓取量的薑黃和1顆高湯塊，高湯塊要剝碎再加入。
- 轉小火，然後淋上1大圈橄欖油。
- 將玉米粉慢慢地倒入平底鍋中的水，同時依無限大符號（∞）的形狀攪拌，直到玉米粉充分溶於水並攪拌時不沾鍋子。
- 將平底鍋自爐火上移走，將煮好的玉米糊分裝至4碗中。放涼後移到冰箱中冷藏。
- 當玉米糊冷卻後，自碗中取出做成扁碟狀，放到烤架下烤熱。
- 供應時放置於大淺盤上，然後滴上青紅醬（作法見下方）。
- 青醬作法：
  將椰漿、薄荷、羅勒及大蒜充分拌勻，依個人口味以天然釀造的大豆醬油調味。
- 紅醬作法：
  將番茄糊及風乾番茄、乾的奧勒岡、2圈橄欖油一起放入果汁機打碎。然後以磨碎的黑胡椒及海鹽調味。

Sat Nam

材料：

- 1份雙手量的玉米粉
- 200毫升（7液量盎斯或4/5杯）的椰漿
- 1份單手量的薄荷
- 1份單手量的羅勒
- 1瓣大蒜，壓碎
- 200毫升（7液量盎斯或4/5杯）的番茄糊
- 4顆風乾番茄（Sun-dried tomatoes）

常備材料：

- 生命之水
- 薑黃
- 瑜伽或有機高湯塊
- 橄欖油
- 天然釀造大豆醬油
- 乾的奧勒岡
- 磨碎的黑胡椒
- 海鹽

上圖：堅果香草堡
下圖：青紅醬玉米餅

辣味日月甜瓜（Ha-tha melon in chilli syrup）

Ha是指太陽，而Tha則是指月亮。就像陰和陽，兩者必須平衡。這道美食以具熱性的辣椒（太陽的能量）平衡甜瓜（月亮的能量）的涼性，藉此形成對比的有趣口感。

材料：
- 1份單手量的粗糖
- 1小根紅色辣椒，去籽後切丁
- 1塊2至3公分大小的新鮮薑，磨碎
- 1顆萊姆榨汁
- 1小顆哈蜜瓜（黃肉）（cantaloupe，亦稱rock melon），切丁
- 1小顆洋香瓜（青肉）（honeydew melon）
- 1串無籽青葡萄

作法：
- 將糖和少許水放入平底鍋中混合。以小火加熱至糖全部溶解，然後再加少許水繼續攪拌直到形成糖漿。
- 加入辣椒及薑，繼續煮，不要超過10分鐘。瀝除辣椒和薑末，然後加入萊姆汁。
- 將哈蜜瓜及洋香瓜切對半，挖出籽後切成一口大小的大丁狀。葡萄顆粒切對半。將所有切好的水果放入玻璃碗中。
- 將煮好的糖漿淋在水果上，並充分拌勻。放入冰箱冷卻。
- 可與沙拉一起供應或單獨享用。如果不是在進行水果、堅果與蔬菜餐的期間，也可以搭配個人喜愛的天然優格一起食用。

Sat Nam

堅果活力鬆糕球（Nut and seed energy trifle balls）

材料：
- 17顆椰棗，去核
- 生命之水
- 2份雙手量的綜合堅果及種子（見p.94）
- 1份雙手量的角豆粉
- 蜂蜜
- 乾椰子絲

本食譜份量約可做22顆小堅果活力球

　　在靈量瑜伽世界中，兒童占有重要的地位，因為他們是未來的守護者。沒有比周年營節慶活動更重視兒童的存在。在這個時期，兒童與父母一起在戶外露營，參與瑜伽課程，結交新朋友。養育健康、快樂而聖潔的孩童是靈量瑜伽教義的一部分。堅果活力球是一道可口而健康的點心，充滿了數字8的療癒性質，與以心為主的修習及土星有關。

作法：
- 將椰棗放置碗中。以剛煮沸的生命之水浸泡數分鐘（水量需蓋過椰棗）。
- 瀝乾椰棗，留下浸泡的水。將椰棗放入食物調理機中，並倒入一半浸泡椰棗的水，啟動開關，以中速拌打。
- 慢慢地加入綜合堅果及種子。然後再加入角豆粉，如果有需要再加入少許水以形成有顆粒的糊狀。要小心不要加太多水以免糊狀物太黏稠，無法用手整形出光滑的球形。如果喜歡甜味，可加一些蜂蜜。
- 將打好的糊狀物，自食物調理機中盛出放置玻璃碗中。放冰箱冷藏62分鐘。
- 當冷藏結束，將鬆糕混合物分成小份，每一份約為核桃般大小，用手搓成球狀。這時候要保持微笑並唱誦你最喜愛的咒語。
- 完成後，將每一顆小球都沾裹乾椰絲。
- 這些風味絕佳的小點心可以在製作完畢時立即食用，也可以放入有蓋的器皿中存放冰箱，數日內食用。

Sat Nam

純淨和諧綜合堅果及種子（Pure harmony nut and seed mix）

本書中有許多食譜用到綜合堅果，然而本食譜是一份獨特的配方，可以用棉布或茶巾包裹，存放於冰箱中，或者任何陰涼乾燥的地方。材料中的種子和堅果種類很廣泛，因此不管你在調製時能找到幾種都可以。之後再慢慢陸續完成食譜所建議的配方。完整的配方可確保獲得適當的益處，包括完整的胺基酸（也就是身體建構蛋白質的基本單位營養素）。

從今天就開始調製屬於你自己的純淨和諧綜合堅果及種子。將它用於沙拉、湯品、奶油醬料或直接作為營養的點心。如果你是嚴格的素食者，也可以作為奶類或乳酪的替代品。

材料：
- 1份雙手量的核桃（walnuts）
- 1份雙手量的巴西胡桃（Brazil nuts）
- 1份雙手量的胡桃（pecans）
- 1份雙手量的杏仁
- 1份單手量的夏威夷豆
- 1份單手量的榛果（hazelnut）
- 1份單手量的腰果
- 1份單手量的開心果
- 1份單手量的南瓜子
- 1份單手量的葵瓜子
- 蜂蜜

作法：
- 為了獲取最多的酵素，所有堅果和種子都必須浸泡。核桃、巴西胡桃及胡桃放在同一器皿內泡冷水11小時，或浸泡一整夜。
- 另一個碗中放置杏仁，泡冷水11小時，或浸泡一整夜。
- 在另一個碗中放置夏威夷豆、榛果、腰果及開心果，泡水8小時。
- 在另一個碗中放置南瓜子及葵瓜子，泡水8小時。
- 瀝乾杏仁，並去除外皮。如果外皮不易去除，可以再次浸泡在沸騰的水中10秒，瀝乾後再去皮。
- 瀝乾所有堅果及種子，和杏仁一起放在大托盤上晾乾，上面必須覆蓋一條乾淨的茶巾。
- 把所有的堅果及種子放入一個大碗中拌勻，搭配蜂蜜作為點心供應。

Sat Nam

堅果種子奶（Nut and seed milk）

這是一道比市售產品更可口的杏仁奶。由於是自製的，營養也更為豐富，也可根據個人喜好調整成品口感及甜度。也可以嘗試以杏仁和榛果混合一起製作。

瑜伽行者巴贊非常堅持不要用熱水泡杏仁，因為熱水會使杏仁產生單寧酸（tannic acid）。無論在那一份食譜中，如果浸泡後的杏仁外皮仍難以去除，建議你只要再次將杏仁泡在沸水中10秒即可。

材料：
- 1份雙手量的杏仁或榛果
- 生命之水
- 4顆去核椰棗或蜂蜜

備註：
2份雙手量的液量等於250毫升，或8液量盎斯，或1杯

作法：
- 將杏仁或榛果泡水11小時，或浸泡一夜。
- 瀝乾堅果，並放入食物調理機中。如果採用杏仁，則需將外皮去除。如果外皮不易去除，可以再次浸泡在沸水中10秒，瀝乾後再去皮。
- 加6至8份雙手量的生命之水到食物調理機中。水加得愈少，成品愈濃稠。加入4顆去核椰棗或1圈蜂蜜以增加甜味。啟動開關拌打至平滑狀。
- 可單獨供應作為飲品，或是作為瑜伽茶、湯品的一部分，或是作為堅果醬汁搭配新鮮水果沙拉一起享用。

Sat Nam

圖：蔬菜義大利麵與瑜伽醬（見p.96）

蔬菜義大利麵與瑜伽醬（Vegetable spaghetti with yogic sauce）

材料：
- 2顆白胡桃南瓜
- 2根胡蘿蔔
- 2根綠皮胡瓜
- 1份單手量的新鮮薄荷，粗略切碎
- 1份單手量的新鮮芫荽，粗略切碎

常備材料：
- 1罐椰漿（400毫升或14液量盎斯）
- 瑜伽香料或格蘭馬撒拉綜合香辛料
- 卡宴辣椒粉
- 薑黃
- 紅椒粉
- 天然釀造大豆醬油

（圖見p.95）

義大利美食中最耀眼的明珠，毫無疑問的正是義大利麵。在義大利人移居海外，遍及美洲及大洋洲時，也將義大利麵帶到這些地方。從此，義大利麵以不同的方式進入每一個人的生活之中。這是一種全世界都喜愛的食物，傳統的義大利麵是以小麥製成，不但提供飽足感也令人感到滿足。而本食譜中的義大利麵，是以新鮮未經烹調的蔬菜取代傳統麵條，也具有同樣的飽足和滿足感。不採用加工麵粉、鹽或糖，因此更具能量。搭配瑜伽醬生吃，具有極佳的生命力，飽含維生素及酵素。盡情享受生命力吧！

作法：
- 將南瓜、胡蘿蔔及綠皮胡瓜切成細如火柴般的長條狀。或者可以藉助刨絲器，可以節省製備這道菜餚的時間，而且可以得到非常平均而纖細的長條成品。
- 將所有切好的蔬菜一起拌勻，在每一個餐盤中放置1或2份單手量拌好的蔬菜。
- 供應時再淋上一匙瑜伽醬（作法見下方）並灑上切碎的新鮮薄荷及芫荽點綴。
- 瑜伽醬作法：

將椰漿倒入一個中型鍋中煮至沸騰。加入各1份抓取量的瑜伽香料（或格蘭馬撒拉綜合香辛料）、卡宴辣椒粉、薑黃及紅椒粉。轉小火後，再加入1圈的天然釀造大豆醬油，然後慢慢熬煮到醬汁濃縮至一半即可。

Sat Nam

斷食法

雖然並不是所有修習者都會接受斷食，但它是靈量瑜伽傳統的一部分。就生理上而言，斷食給身體休息的機會，就精神上而言，斷食期間正是建立心靈力量的好時機。為了確保安全，在決定進行任何斷食法之前，最好先詢問醫師你的身體狀況是否合適。此外，如果是孕婦、哺乳婦及兒童，也不適合斷食。這裡列舉一些斷食的基本原則，及三種不同的水果斷食法。

斷食之前必須先調整日常飲食以做準備。首先要停止垃圾食物，並且藉由多選用較多的新鮮水果、蔬菜、穀類及豆類，使餐食內容逐漸轉為清淡而健康。同時，試著每天少吃一或兩餐。就像是不吃早餐，而把午餐當成是一天中的第一餐。

- 不要過於頻繁地進行斷食，因為這樣會使身體系統功能變弱。
- 傳統上，進行斷食者會避開人群，而會利用這

段時間修習薩丹納（sadhana，瑜伽的心靈修習法）。
- 在斷食期間，不要幻想或渴望食物。因為常常想著食物，會抑制達到預期結果的能力。
- 不要對斷食產生不安。遵守這樣的內在控制法（niyama），或負面的心理狀態，其實是對增進靈性有正面幫助的。
- 只喝生命之水（見p.24）、泉水、礦泉水、過濾

水及瑜伽茶（見p.25）。

- 斷食期間或斷食結束時，不要吃不易消化或是使用調味料的食物。可以喝奶類或果汁，並且要避免咖啡及酒精。

水果斷食法

　　水果斷食法很適合在春天進行，因為春天正是一個新的開始。一般完整的水果斷食法需進行三十天。一次吃一種水果，並注意吃的份量，不要過量，一天三碗水果量應該就夠了。也可以加一點少量的有機優格在水果上。不要喝果汁（或蔬菜汁），因為那是高度濃縮的成品。下面提供兩種食譜範例，可以於水果斷食期間使用。

芒果沙拉

　　將一顆芒果切成小方塊狀，放置於玻璃碗內，並擠半顆檸檬的汁淋上。切數片新鮮薄荷葉灑在上面，以愛將沙拉充分混合。

酪梨沙拉

　　酪梨是一種非常好的水果，用法多變，且可搭配其他較甜的水果。將一顆大的或兩顆小的酪梨切成小方塊。將一顆檸檬或萊姆榨汁淋上後充分拌勻，然後滴上數滴天然釀造的大豆醬油（醬油為非必要的用料）。最後可以灑上切碎的新鮮羅勒葉點綴。

甜瓜斷食法

　　甜瓜斷食法是清理肝臟、腸道及腎臟的絕佳飲食法。哈蜜瓜是一種溫暖又具良好天然輕瀉效用的水果；西瓜則屬涼性，但對肝臟及腎臟都很好；而木瓜有助於消化作用。因此，甜瓜斷食法極具機動性，適合有斷食經驗的人採用。

　　夏天的氣候炎熱，因此適合採行這種斷食法，此外，也建議每天用杏仁油按摩身體。適合採行甜瓜斷食法的天數為二十一或二十七天。在斷食結束後的第一天，每餐都吃不同的水果。第二天，也同樣每餐吃不同的水果，但搭配少許優格在水果上。到了第三天，開始每餐加一些湯品和蒸蔬菜。

第1至3天：吃哈蜜瓜
第4至6天：吃西瓜
第7至9天：吃木瓜
第10至12天：只喝熱的生命之水加檸檬及蜂蜜
第13至15天：只喝溫的生命之水
第16至18天：只喝熱的生命之水加檸檬及蜂蜜
第19至21天：吃木瓜
第22至24天：吃西瓜
第25至27天：吃哈蜜瓜

　　如果採取甜瓜斷食法的日數是二十一天，而不是二十八天，那麼就縮短第十至十二天、第十三至十五天及第十六至十八天這三個期間的天數，也就是每個期間從三天改為一天即可。

香蕉斷食法

　　這是一種單一的飲食，只有曾有斷食經驗的人才適用。香蕉斷食法是非常好的排毒方式，可將殘留在大腦髓質的藥物排除，重建受傷的身體組織。在春天裡，在新月（陰曆月初）的日子開始香蕉斷食法，然後持續十五天。每天至少要喝八杯的生命之水；也可以選用瑜伽茶代替。除了可在瑜伽茶裡加少量的牛奶外，這段期間是不能食用任何乳製品的。

早餐前一小時：先喝一杯加蜂蜜的新鮮柳橙汁。
早餐：三根香蕉，香蕉本身的絲狀纖維不要剔除。要用很慢的速度吃，讓每一口都在口中產生汁液。吃完所有的香蕉後，再剝開一個荳蔻莢，咀嚼荳蔻子。這麼做有助於消化吃下的香蕉。
午餐及晚餐：與早餐內容相同，但餐前不要再喝柳橙汁。
十五天過後：一整天喝溫的蜂蜜水加檸檬汁，然後進行二十八天的綠豆與米食餐（見第五章）。在此期間，兩餐之間仍繼續吃水果及喝瑜伽茶。

Sat Nam

圖：瑜伽蔬菜與彩虹宴會醬（食譜見p.112～113）

Chapter 7

分享美食

從燒烤到晚宴餐

　　在靈量瑜伽的修習法中，分享食物是很重要的一部分，因為分享強調的是服務公眾及協助貧窮。這個方式源自於錫克教（Sikhism）與社區共有廚房（langar）的生活模式。每個人不分宗教、性別、教條或社會地位，在這裡都可以免費自由取用食物。在每一個錫克教的寺廟都有一個社區共有廚房。每個人都參與餐食的製備，然後席地而坐一起享用。

　　社區共有廚房的存在始於五百年前，當時並沒有慈善團體提供飲食給貧窮之人及旅行者。後來，納拿克上師在拉合爾城（Lahore）建立了卡塔坡村（the village Kartarpur），他定居在那裡並開始栽種作物。他採收自種的水果，開始了提供貧窮者食物的社會慈善服務。納拿克上師也鼓勵他的信徒這麼做，之後的錫克教上師們也承襲這樣的作法；後來就演變成一種傳統，稱為上師的社區共有廚房（Guru's langar）。

　　的確，本章的啟示來自於，在瑜伽修習的過程中，分享給朋友、家人及瑜伽同修許多美妙的餐食。這正是藉用食物滋養、榮耀靈量瑜伽中分享及服務社區的豐富傳統。由於靈量瑜伽美食是以愛調製和供應的，因此當分享給愛的人時，嚐起來格外地美味。不需要昂貴的食材、複雜的配方及奢華的擺設，就能夠享受一頓美食。

印度薄餅（Chapatti）

材料：
- 12份雙手量的全麥麵粉，需過篩
- 海鹽
- 溫的生命之水
- 油
- 油或印度烹飪用奶油（可任選）

備註：
2份雙手量的液體等於250毫升，或8液量盎斯，或1杯

　　印度薄餅，或稱鍋餅，是印度飲食中普遍的主食。沒有任何食物比得上剛做好的熱印度薄餅，以手撕成小塊，沾取豐富的醬汁或咖哩。餅本身會吸收所有的味道，因此味蕾可以嚐到菜餚的全部精華。雖然也可以在市面上買到現成袋裝的印度薄餅，但現做的新鮮餅更好。一旦開始做了第一批麵餅，你就會愛上它。

　　在做印度薄餅時，可以唱誦 *Adi Shakti*（意指「太初之母」）。這最高的 *Shakti* 咒語可使我們接近神聖之母的頻率，接近原始、具保護性及形成中的能量。唱誦這個咒語可消彌恐懼，滿足心中的欲望（見p.155）。

作法：
- 將麵粉及鹽放進一個大碗中，以手拌勻。
- 將拌好的麵粉堆成粉牆，中間挖成井，然後慢慢分次倒入生命之水，並開始揉麵糰。一邊加水一邊揉麵，直到麵糰光滑不沾碗。麵糰愈堅挺，愈容易滾動。太軟的麵糰會做出太軟的印度薄餅。
- 在工作檯上抹上薄薄一層油，並將麵糰揉11至15分鐘。
- 將揉好的麵糰放回薄薄抹上一層油的玻璃碗裡。以濕的茶巾覆蓋於上，並讓麵糰醒約2小時。
- 當麵糰醒好後，在手上及工作檯中撒上麵粉。將麵糰分成31塊。將每一塊都滾成球狀，然後再擀平成圓形。分好的麵糰及擀好的圓餅都必須以濕茶巾覆蓋，這樣，餅在烹調過程才不會太乾。
- 將平底煎鍋或大炒鍋加熱，一次放入1或2片整形好的薄餅麵糰。煎至餅膨脹，翻面，再煎至另一面亦膨脹。
- 可依個人喜好，在煎好的印度薄餅上刷油或印度烹調用奶油，然後自鍋中取出，置於盤中以布覆蓋，放進溫熱的烤箱中保溫，直到所有的餅煎好。
- 製作印度薄餅在傳統上是一種社交活動，因此可以邀請友人共同參與揉麵、滾麵、擀麵及煎餅的過程，同時不要忘了唱誦 *Adi Shakti*。

Sat Nam

椰子藜麥聖潔豆腐（Aura-white tofu with coconut and quinoa）

材料：
- 4瓣大蒜，壓碎
- 1塊2至3公分大小的新鮮薑，磨碎
- 1根檸檬香茅（lemon grass）
- 4或5片萊姆葉
- 1小根紅色辣椒，去籽後細細切片
- 1顆紫色洋蔥，切碎
- 4根胡蘿蔔，切片
- 1顆綠花椰菜，只要頂部不要莖，切成一朵朵小花狀
- 1個紅甜椒，去籽切片
- 1個黃甜椒，去籽切片
- 7個白色洋菇，切片
- 1小塊老豆腐（180克或6＋1/2盎斯）
- 1塊乳霜狀椰油（creamed coconut）（150克或5盎斯）
- 4份單手量的藜麥

常備材料：
- 芫荽籽
- 生命之水
- 瑜伽或有機高湯塊
- 1片月桂葉
- 薑黃
- 格蘭馬撒拉綜合香辛料
- 天然釀造大豆醬油
- 芝麻醬

這是一道高蛋白質、可強化輪穴能量、令人愉悅而且營養均衡的美食。藜麥是所有穀物之母，出現在人類飲食已有五千年的歷史了。在印加人（the Incas）的三種主食裡——玉米、馬鈴薯及藜麥，藜麥所含的蛋白質特別高，直至今天仍廣泛應用。

這道蛋白質豐富的菜餚可以搭配綠嫩葉芝麻沙拉（見下圖）一起供應，並和你的家人親友一起享用這道開啟心胸及強化靈光的美食。

作法：
- 在大平底鍋中加上2份抓取量的胡菜籽來乾炒大蒜。
- 在平底鍋中倒進7至8分滿的生命之水。加入1顆剝碎的高湯塊，將水煮至沸騰。
- 加入薑、檸檬香茅、萊姆葉及切片的紅色辣椒。充分攪拌。
- 接著加入處理好的蔬菜及1片月桂葉。
- 將豆腐切成小方塊，並將乳霜狀椰油磨碎。把兩者都加進鍋中混合的蔬菜裡。灑上各2份抓取量的薑黃及格蘭馬撒拉綜合香辛料，及18滴的天然釀造大豆醬油。再次攪拌。
- 將鍋中混合物煮至沸騰，然後加入藜麥。轉為小火，加蓋煮22分鐘，或煮至藜麥裂開即可。搭配綠嫩葉芝麻沙拉一起供應（見p.43）。

Sat Nam

青扁豆飯（Magadra siri rice and green lentils）

材料：
- 1份單手量的白香米
- 1份雙手量的青扁豆
- 3瓣大蒜，細細切碎
- 1小份單手量的新鮮巴西利，切碎
- 半顆洋蔥，切丁（非必要的）

常備材料：
- 磨碎的小茴香
- 卡宴辣椒粉
- 紅椒粉
- 薑黃
- 瑜伽或有機高湯塊
- 生命之水
- 橄欖油
- 印度烹飪用奶油

　　這原本是北非的傳統菜餚，由於在米飯中添加了青扁豆，因此非常有益健康，是一道兼顧蛋白質與澱粉的餐食。

　　利用煮米和扁豆的時間，學習咒語*Ajai Alai*中的詞語（見p.155）。這個咒語來自*Jaap Sahib*（錫克教的早晨祈禱文）——這是第十代錫克教導師，也就是哥賓辛上師所作，對全能的神（Wahe Guru）一個偉大而充滿詩意的貢獻。它可以使我們對人更為敏感，並培養理解人們所言的能力。

作法：
- 將米及青扁豆放入大平底鍋中，和大蒜一起乾炒2分鐘，如有需要，加入數滴水以避免燒焦。
- 加入1份抓取量的小茴香，及1小份捏取量的卡宴辣椒粉、紅椒粉及薑黃。依無限大符號（∞）的形狀攪拌均勻。
- 加入1顆高湯塊及生命之水，水量需為米和青扁豆總量的兩倍。
- 將鍋中水煮至沸騰，然後燉煮至米和青扁豆都軟化。大約需要15分鐘。加入1圈的橄欖油，並灑上切碎的新鮮巴西利。
- 如果想增加風味，可將半顆切丁洋蔥以1圈橄欖油或1匙印度烹飪用奶油，先炒至呈金黃色後，再灑至煮好的青扁豆飯上（依個人喜好決定）。
- 供應時，在一旁配上優格及蕃茄小黃瓜沙拉。

Sat Nam

烤千層酥皮捲（Baked filo guru roll）

材料：
- 6大份雙手量的嫩菠菜葉
- 4瓣大蒜，細細切碎
- 1大塊羊乳酪（feta）（約450克或1磅），切丁
- 3匙印度烹飪用奶油
- 3張薄片酥皮（filo pastry）
- 1大塊新鮮豆腐（約450克或1磅），切丁（用量可斟酌）

常備材料：
- 橄欖油
- 海鹽
- 乾薄荷
- 芝麻

　　這道簡單而令人滿足的美食源自土耳其。傳統上是次菲達羊乳酪為材料，以新鮮豆腐取代羊乳酪來製作，也可以一樣的美味。在烤這道酥皮捲的時候，藉由唱誦*Guroo Guroo Wha-hay Guroo, Guroo Raam Daas Guroo*，讚美拉姆達斯上師（Guru Ram Das）的精神導引及保護眾生的恩典。

作法：
- 烤箱預熱至180℃／350℉／gas mark 4（如為燃氣之英式烤箱則調至指標4）。
- 在預熱的炒鍋中加入嫩菠菜及大蒜，加入2圈橄欖油、1份捏取量的乾薄荷及海鹽充分拌炒，並調整至個人喜好的口味。當菠菜炒至縮捲時就可離火，然後加上羊乳酪（或豆腐）充分拌勻，放置一旁冷卻。
- 將雙手及工作檯面抹上橄欖油。
- 放一張千層酥皮在工作檯上，讓酥皮的長邊和身體平行。
- 在整張酥皮的表面薄薄刷上印度奶油（或橄欖油）。其他兩張酥皮也重覆這樣的動作，然後將酥皮一層一層疊上。
- 將冷卻後的菠菜餡沿著疊好的酥皮長邊鋪上，緊緊地捲起，酥皮邊要仔細捲入。捲成長條後，表面刷上印度奶油並灑上芝麻。
- 放入預熱的烤箱烤15分鐘，或烤至表面呈金黃色，酥皮酥脆即可。
- 供應時搭配沙拉及芝麻醬（作法見p.75）。

Sat Nam

上圖：青扁豆飯

下圖：烤薄片酥皮捲

豆腐與青紅醬（Tofu with red and green sauces）

食物中最具治療與效果的成分，就是在烹調時所加入的「波動」（vibration）。當在烹調時唱誦咒語，咒語的力量就具有滋養、支持及灌注能量的能力。這道美食具有海底輪顏色的波動，也就是紅色；另外也具有心輪顏色的波動，也就是綠色。在調製這道豆腐時，唱誦 *Om Om Om*，並仔細體會自海底輪升起至心輪，而後進入食物的無限潛能。

材料：

- 1塊嫩豆腐（180克或6 1/2盎斯）
- 2瓣大蒜，壓碎
- 1份單手量的新鮮羅勒葉
- 1份單手量的新鮮巴西利
- 1顆大番茄，切丁
- 1個紅甜椒，切丁

常備材料：

- 1份單手量米粉（米磨成的粉）
- 1份單手量的乾椰絲
- 橄欖油
- 海鹽
- 白胡椒粉
- 紅葡萄醋

作法：

- 烤箱預熱至180℃／350℉／gas mark 4（如為燃氣之英式烤箱則調至指標4）。
- 將豆腐放入食物調理機中打成平滑糊狀。
- 加入米粉、乾椰絲、1瓣大蒜、3圈橄欖油及各1小份捏取量的海鹽與白胡椒粉。快速攪拌均勻。如果你擔心體重增加，就不要加入乾椰絲，因為椰絲為高熱量食物。
- 將拌好的豆腐混合物整形為4至6個球狀。如果太黏稠就再加些米粉。
- 將整好形狀的豆腐球放在油性烤焙用紙上，輕輕壓扁，烤10至15分鐘。
- 自烤箱移出烤好的豆腐餅，放在淋有青紅醬的盤上供應（參考下圖）。
- 青醬作法：將羅勒、巴西利、1小份捏取量海鹽及1圈橄欖油放入食物調理機中，打至平滑狀，依個人喜好調整口味。
- 紅醬作法：將番茄、紅甜椒、1瓣大蒜、1圈橄欖油、1圈紅葡萄醋及1小份捏取量的海鹽放入食物調理機中，打至平滑狀，依個人喜好調整口味。

Sat Nam

心靈社區豆類食物（Ashram beans）

材料：
- 4份單手量的紅豆
- 3瓣大蒜，細細切碎
- 1塊2至3公分大小新鮮薑，細細磨碎
- 2顆中型洋蔥，切丁

常備材料：
- 生命之水
- 海鹽
- 芫荽籽
- 小茴香籽
- 紅辣椒片
- 印度烹飪用奶油（或一般奶油）

　　稱為心靈社區食物（ashram food）的一個重要條件就是價格便宜；另一個要件就是可口。豆類不但便宜、營養且可完美地吸收所有食材的風味，因此，吃進嘴裡的每一口都可品嚐到食材中所使用的香料風味。

作法：
- 將紅豆以大量水浸泡一夜。
- 瀝乾紅豆後放入大平底鍋中。加入大蒜及薑，倒入生命之水，水量需覆蓋所有紅豆，煮至沸騰後繼續燉煮1小時，然後再加入1份抓取量的海鹽。再繼續煮20至30分鐘，或紅豆煮熟軟即可。
- 炒鍋加熱後，放入洋蔥及各1份抓取量的芫荽籽、小茴香籽及紅辣椒片（喜歡辣味者可多加些紅辣椒片）乾炒。洋蔥和香料也可以放在薄薄抹上一層印度奶油或一般奶油的鍋子中炒。
- 將煮好的紅豆離火並瀝乾，但煮紅豆的水要保留。
- 把紅豆壓成泥（就像壓馬鈴薯泥那樣），加入方才保留的煮紅豆水，但一次加入一匙，直到紅豆泥呈乳霜狀。接著加入印度奶油，依個人喜好斟酌用量。
- 將炒好的洋蔥及香料加入，攪拌均勻。趁熱食用。

Sat Nam

瑜伽式鷹嘴豆泥沾醬（Yogi hummus）

材料：
- 2份雙手量的鷹嘴豆
- 1份雙手量的芝麻醬
- 1顆檸檬榨汁
- 3瓣大蒜，切碎
- 巴西利葉（裝飾用）

常備材料：
- 磨碎的小茴香
- 海鹽
- 橄欖油

備註：
2份雙手量的液體等於250毫升，或8液量盎斯，或1杯

（圖見p.107）

　　鷹嘴豆泥沾醬的特色菜就是搭配麵包的小點心。在靈量瑜伽中，手是身體很重要的一部分，因為那是能量脈（nadis，也就是能量管道）的終點。藉著手指握成特殊姿勢，能量流會受到導引而流經全身，刺激腦部。手指的姿勢有很多種，稱為手印（mudras），在修習瑜伽時使用。當進行手印姿勢時，正是手指和身、心的不同部位進行對話的時候。

作法：
- 將鷹嘴豆浸泡一夜：水與鷹嘴豆的比例為2：1。
- 瀝乾浸泡後鷹嘴豆，放進平底鍋中加入水，水量需完全覆蓋豆子。煮至沸騰後繼續燉煮至軟。約需1至2小時。
- 當鷹嘴豆煮好時，瀝乾。放進食物調理機打碎。
- 加芝麻醬、檸檬汁、切碎的大蒜、1大撮的磨碎小茴香、1小份捏取量的海鹽，及2大圈橄欖油至食物調理機中一起拌打。打至平滑糊狀，可依個人喜好調整調味料用量。
- 將豆泥盛出後灑上磨碎小茴香及數片巴西利葉做點綴。

Sat Nam

三色鷹嘴豆餅（Red, orange and green falafel）

材料：
- 2份雙手量的鷹嘴豆
- 4瓣大蒜，壓碎
- 1份單手量的新鮮巴西利，切碎
- 1顆甘藷，削皮後煮熟壓成泥
- 1顆紅甜椒，去籽後細細切碎

常備材料：
- 泡打粉（Baking Powder）
- 橄欖油
- 磨碎的芫荽
- 磨碎的小茴香
- 紅椒粉

　　輪穴是精確分布於人體上的個別能量旋轉輪。每一個輪穴都對人的身與心有獨特的影響。

　　海底輪屬於紅色，是代表熱情與整體生理健康的顏色；生殖輪的代表色是橙色，是健康與活力的顏色；而心輪的顏色為綠色，代表溫暖與愛的顏色。這道三色餅正代表了這些顏色。帶著幸福、快樂及愛和你的友人一同分享這道美食。

　　在攪拌鷹嘴豆餅混合物時可以唱誦 *Saa Taa Naa Maa*。這就是 *Panj Shabad* 咒語，代表了宇宙中五種最初始的聲音。「S」代表無限，「T」代表生命，「N」代表死亡，而「M」則代表重生。而第五個聲音「A」，結合了其他的字母，成為靈量瑜伽中最常用的咒語。

作法：
- 將鷹嘴豆放在玻璃碗中浸泡一夜：水和豆的比例為2：1。
- 烤箱預熱至200℃／400℉／gas mark 6（如為燃氣之英式烤箱則調至指標6）。
- 將鷹嘴豆及大蒜一起壓碎，加入泡打粉及滴橄欖油，使混合物成為粗豆泥並呈濕潤狀。或者，也可以使用食物調理機打成豆泥。如果混合物太乾，可以再加幾滴橄欖油。
- 將打好的豆泥分成三份。每一份都將調成不同口味的豆餅。在分豆泥時也唱誦 *Saa Taa Naa Maa*。
- 要做綠色豆餅，在豆泥中加入切碎的巴西利及1份抓取量的磨碎芫荽，充分拌勻。
- 要做橙色豆餅，加甘藷泥至豆泥中，再加上1份抓取量的磨碎小茴香，充分拌勻。
- 要做紅色豆餅，在豆泥中加入切碎紅甜椒及1份抓取量的紅椒粉，充分拌勻。
- 將每一糰豆泥搓成數個大小如核桃的小球。每一糰豆泥約可搓成6個小球。
- 將搓好的豆餅放在薄薄抹上一層油的烘焙紙上，然後放進已預熱的烤箱去烤。
- 烤至豆餅呈可愛的金黃色即可。約需22至31分鐘。
- 和各種沙拉及瑜伽式鷹嘴豆泥沾醬（見p.105）、芝麻與薄荷醬（見p.108）及口袋麵包一起供應。

Sat Nam

上圖：綠色鷹嘴豆餅

中右圖：黃色鷹嘴豆餅

中左圖：瑜伽式鷹嘴豆泥沾醬

下圖：紅色鷹嘴豆餅

瑜伽式烤豆腐串（Yogi's tofu skewers with sesame mint sauce）

材料：
- 1塊豆腐（450克或1磅）
- 2顆檸檬榨汁
- 3瓣大蒜，細細切碎
- 1顆小洋蔥，細細切碎
- 1塊2至3公分大小的新鮮薑，細細磨碎
- 1顆柳橙榨汁
- 1份單手量的新鮮芫荽，切碎
- 1份雙手量的芝麻和薄荷醬（份量參考下方）

常備材料：
- 橄欖油
- 天然釀造大豆醬油
- 芝麻醬
- 海鹽
- 長竹籤

備註：
2份雙手量的液體等於250毫升，或8液量盎斯，或1杯

燒烤食物非常美味，適合與友人於戶外分享。但素食者，甚至嚴格的純素者要以什麼做燒烤的食材呢？那就是瑜伽式烤豆腐串。為了不使整個活動過程有壓力，可以將燒烤串事先準備好，或甚至做好先放在冰箱。當然，最好是愈新鮮愈好，因為這樣可以保有完整的風味及外觀。

如果你的朋友準備吃完燒烤後回家，可以唱誦 *Mangala Charn* 咒語，讓存有保護之光的人性磁場護送他（見p.155）。

作法：
- 將豆腐切成大小適中的方塊（大約切成20塊）。
- 將豆腐放在玻璃碗中，並加入1顆檸檬榨的汁、大蒜、洋蔥、磨碎的薑、4圈橄欖油及1圈天然釀造大豆醬油。讓豆腐醃漬至少62分鐘。
- 在醃豆腐的時候製備芝麻薄荷醬（見下方作法）。
- 在每一支竹籤上串五片豆腐（竹籤需預先泡水以免烤的時候燒焦）。
- 將串好的豆腐串放到烤炭上或烤架上，烤至兩面金黃，大約需要3至4分鐘。
- 在烤好的豆腐串中滴上醬汁，趁熱供應。
- 芝麻與薄荷醬作法：
  將2份雙手量的芝麻醬、1顆檸檬榨的汁、柳橙汁、薄荷、芫荽及1撮海鹽混合。依無限大符號（∞）的形狀攪拌直至均勻而呈平滑狀。

Sat Nam

小米燉黃豆（Heart-opening millet and soya bean stew）

在瑜伽傳統中，一般多用米來做這道菜。米在亞洲是最常食用的穀物，不但便宜，容易煮食且貯存方便。現在，我們用小米和黃豆取代米來做這道燉菜，可以使營養均衡。此外也使這道菜具有想像的特色。煮小米的時間不要過久以保持像堅果的口感。

材料：
- 2份雙手量的黃豆
- 1塊指姆大小的昆布
  （海帶）
- 2顆洋蔥，細細切碎
- 5瓣小蒜，切碎
- 2份單手量的小米
- 3顆番茄，切丁
- 1大份單手量的四季豆，
  去頭去尾，切片
- 1份單手量的新鮮羅勒，
  切碎

常備材料：
- 小茴香籽
- 薑黃
- 紅椒粉
- 卡宴辣椒粉
- 瑜伽或有機高湯塊
- 生命之水
- 海鹽

作法：
- 將黃豆浸泡一夜。浸泡過程需換水數次，並保持水量蓋過黃豆。
- 瀝乾黃豆，放入大平底鍋中以大量的水燉煮至軟。大約需要2小時。
- 加入昆布，這會幫助黃豆的消化。放置一旁。
- 在另一個平底鍋中放入處理好的洋蔥、大蒜及小米。充分拌勻。
- 加入各1份抓取量的小茴香籽、薑黃、紅椒粉，及1小份捏取量的卡宴辣椒粉。
- 瀝乾黃豆並放入置有洋蔥混合物的鍋中，再加入2至3顆剝碎的高湯塊、番茄、四季豆及新鮮羅勒。
- 攪拌3次，然後加生命之水至鍋中，水量需為所有混合物的兩倍量。
- 煮至沸騰，並快火繼煮至湯汁完全被小米及黃豆吸收。
- 以海鹽調味，搭配綠葉沙拉及新鮮香草一起供應。

Sat Nam

碎小麥彩色沙拉（Bulgur pavan salad）

　　這是一道容易且製作快速的沙拉，極適合提供給大眾享用。賓客在享用完之後，必定會非常快樂與滿足。因為碎小麥充滿了生命力（prana），也就是存在我們身體內的宇宙生命力量，時時刻刻都圍繞著我們。

　　碎小麥所需的烹調時間很短，只需在剛煮沸的水裡浸泡，利用浸泡的時間唱誦歡愉的上師咒語（*Guru Mantra of Ecstasy*）（見p.155）。

　　當這道菜的食材有所更動，比方說要調製不含麩質（gluten）的餐食，就以藜麥取代碎小麥。如果想快速調製這道菜餚，就用北非小米取代碎小麥。

材料：

- 2份雙手量碎小麥（碎小麥顆粒）
- 1顆大番茄
- 1顆中型紅色洋蔥
- 1顆橙色甜椒
- 2瓣大蒜
- 1顆檸檬榨汁
- 1小把新鮮巴西利，粗略切碎
- 1份雙手量的北非小米（couscous）（可替代碎小麥的食材）
- 2份雙手量的藜麥（可替代碎小麥的食材）

常備材料：

- 生命之水
- 橄欖油
- 海鹽
- 去核的黑色橄欖

備註：
2份雙手量的液體等於250毫升，或8液量盎斯，或1杯

作法：

- 將碎小麥放在玻璃碗中，然後倒入3份雙手量的煮沸生命之水（水熱勿用手取用，可參考備註以容器取用）。
- 加入1圈橄欖油並灑上少許海鹽。加蓋燜21分鐘，並在準備其他材料時唱誦 *Wha-hay Guroo*。
- 將番茄、洋蔥、橙色甜椒都切丁，大蒜則細細切碎。把所有切好材料都混合在一起，依無限大符號（∞）的形狀攪拌均勻。
- 在蔬菜上擠檸檬汁淋上。加入切碎的巴西利及7顆細細切丁的去核黑色橄欖。
- 在泡水後已脹大的碎小麥裡加入1圈橄欖油。以手攪拌，將生命力灌入沙拉中。以海鹽調味。
- 如果選用北非小米取代碎小麥：
  1份單手量的北非小米需要250毫升（8液量盎斯或1杯）的沸水。沸水加到北非小米後只需浸泡5分鐘。
- 如果選用藜麥取代碎小麥：
  所需沸水量的比例和碎小麥的相同，但所需的烹調時間為11至15分鐘，或直到藜麥裂開即可。

Sat Nam

七蔬咖哩（Seven vegetable curry）

　　「七」是非常有力的數字，它代表了創造世界的七天及七個行星。同時，它也是代表頂輪的數字。在這道菜餚中，使用七種蔬菜的用意在於慶祝豐收。作為一道有力的慶祝佳餚，享用的時候，心中必須懷著祝福與愛。本食譜建議了七種蔬菜，然而，你可以選擇任何七種蔬菜的組合。而任何香草和沙拉葉的使用則不算在七種之列。

材料：
- 3瓣大蒜，壓碎
- 2根中型胡蘿蔔，削皮後切丁
- 2顆中型馬鈴薯，削皮後切丁
- 2顆中型甜菜，削皮後切丁
- 1大分單手量的四季豆，去頭去尾後切丁
- 2份單手量的冷凍豆子（如果有新鮮的更好）
- 2份單手量的玉米粒（corn kernels）
- 2顆大番茄，切碎
- 新鮮的青色辣椒，用量依個人喜好決定

常備材料：
- 橄欖油或印度烹飪用奶油
- 薑黃
- 海鹽
- 生命之水
- 瑜伽或有機高湯塊
- 咖哩粉

作法：
- 在大平底鍋中刷上橄欖油或印度奶油，然後以中火加熱。
- 加入壓碎的大蒜，直到大蒜受熱呈棕色。
- 加入2份抓取量的薑黃乾炒，炒到有香味產生。
- 除了辣椒外，將所有的蔬菜放入鍋中，然後再加入1小份捏取量的海鹽。蓋上蓋子並以小火加熱3分鐘，其間只要攪拌一次。
- 加入4份雙手量的生命之水及4顆高湯塊。
- 加入1份抓取量的咖哩粉調味。加入切片的新鮮辣椒，依個人喜好斟酌用量。
- 繼續煮11分鐘或直到馬鈴薯煮熟為止。
- 以海鹽調味，供應時搭配你喜愛的米飯種類。

Sat Nam

瑜伽蔬菜與彩虹宴會醬

（Yogic vegetables with rainbow party sauces）

這是一道有趣、色彩豐富又非常健康的美食，值得和家人親友分享。不但享有蔬菜的光彩，也享有五種不同顏色的醬汁——橙色、紅色、黃色、綠色及紫色，可以讓賓客以略經烹調的蔬菜沾食。供應時，將所有蔬菜及醬汁一起呈上，享受歡慶及輪穴的喜悅。

（圖見p.98）

烤蔬菜所需材料：
- 2顆紅色洋蔥
- 4根綠皮胡瓜
- 1顆甘藷
- 2小顆茄子
  （aubergines，egg-plants）
- 8朵白洋菇

常備材料：
- 海鹽
- 橄欖油
- 紅葡萄醋
- 乾羅勒
- 乾薄荷
- 卡宴辣椒粉
- 白胡椒粉
- 芥茉粉
- 薑黃
- 天然釀造大豆醬油

橙色醬所需材料：
- 3根胡蘿蔔
- 1顆甘藷
- 1顆橙色甜椒

紅色醬所需材料：
- 1顆紅色洋蔥
- 5顆番茄
- 1顆紅色甜椒
- 1小顆煮熟的甜菜
- 1小根紅色辣椒

烤蔬菜作法：
- 將洋蔥、綠皮胡瓜、甘藷及茄子切片後放入大平玻璃盤中。加入洋菇及並灑上大量海鹽。放置一旁靜待2小時。
- 將蔬菜上殘留的鹽分沖洗乾淨，並將所有蔬菜以廚房紙巾擦乾。
- 將玻璃器皿沖乾淨，然後將蔬菜放回。
- 在蔬菜上淋3圈橄欖油、1圈紅葡萄醋、1份抓取量的乾羅勒及1份抓取量的乾薄荷。
- 讓蔬菜醃62分鐘，利用這段時間製備沾醬。
- 醃好的蔬菜則利用烤架或烤箱以中火烤熟。
- 烤的時間為11分鐘，期間需翻面以確保蔬菜受熱均勻。

橙色醬作法：
- 將胡蘿蔔切厚片，甘藷削皮後切丁，橙色甜椒切成四份後，去籽再切丁。
- 將所有材料放進竹蒸籠以小火蒸到軟。
- 把蒸軟的蔬菜放進食物調理機。加入1份抓取量的卡宴辣椒粉，啟動開關打成平滑糊狀。然後以海鹽調味。

紅色醬作法：
- 烤箱預熱至200℃ / 400℉ / gas mark 6（如為燃氣之英式烤箱則調至指標6）。
- 洋蔥切大丁，每一顆番茄切成四份，紅色甜椒切成四份後去籽，甜菜切丁，紅色辣椒細細切片。
- 將所有蔬菜放在適用烤箱的盤上。以鋁箔覆蓋其上。
- 烤11分鐘後，將全部蔬菜放入食物調理機中。
- 加入2圈橄欖油及1圈紅葡萄醋，啟動開關打至平滑糊狀。
- 以海鹽依個人喜好調味。

黃色醬所需材料：

- 3瓣大蒜
- 1顆黃色甜椒
- 1塊2至3公分的新鮮薑
- 2份雙手量的玉米粒，
  罐裝、冷凍或新鮮的
  均可
- 2顆檸檬榨汁

綠色醬所需材料：

- 2份單手量的新鮮羅勒
- 2份單手量的新鮮巴西
  利
- 2份單手量的新鮮薄荷
- 2份單手量的新鮮芝麻
  菜
- 1小根青色辣椒
- 1顆檸檬榨汁

紫色醬所需材料：

- 1小顆紫色高麗菜
- 1顆煮熟的甜菜
- 1份單手量的藍莓
- 1顆紫色洋蔥
- 1塊2至3公分的新鮮薑
- 3瓣大蒜

黃色醬作法：

- 將大蒜細細切碎，黃色甜椒切成四份後去籽，薑磨碎。
- 在平底鍋中加入1圈橄欖油。等油熱後，把所有處理好的黃色新鮮蔬菜及玉米粒，炒3至5分鐘，或剛熟即可。
- 加入1小份捏取量的白胡椒粉及各1份抓取量的芥茉粉及薑黃。
- 攪拌8次，然後將所有蔬菜放入食物調理機中，打成粗泥狀。
- 加入2圈橄欖油及2顆檸檬榨的汁，再啟動瞬間開關打數次。
- 以海鹽依個人喜好調味。

綠色醬作法：

- 將羅勒、巴西利、薄荷及芝麻菜放入食物調理機。
- 青色辣椒切成對半，去籽後粗略切碎，加入混合的香草中。
- 倒入4圈橄欖油、4圈紅葡萄醋及1顆檸檬榨的汁。
- 啟動開關打成平滑狀，然後以海鹽依個人喜好調味。

紫色醬作法：

- 紫色高麗菜切片，煮熟的甜菜去皮後切丁，洋蔥切丁，薑磨碎，大蒜壓碎。
- 將所有處理好的蔬菜放入平底鍋以中火加熱，接著加入藍莓。
- 加數滴水至平底鍋炒蔬菜3分鐘，或直到蔬菜軟化即可。期間如有需要可額外加幾滴水以避免燒焦。
- 炒好的蔬菜全部放入食物調理機中，加入4圈橄欖油、4圈紅葡萄醋，及1圈天然釀造大豆醬油。
- 啟動開關打至平滑糊狀，然後以海鹽依個人喜好調味。

Sat Nam

印度式捲餅所需材料：

- 2份單手量的藜麥
- 1顆甘藷，削皮後切丁
- 1塊豆腐（180克或61/2盎斯），切成小方塊
- 1塊2至3公分大小的新鮮薑，磨碎
- 4個印度扁麵包（Indian flat bread）
- 紅醬（作法見p.112）
- 青醬（作法見p.113）

中東式捲餅所需材料：

- 2份單手量的芝麻醬
- 1顆檸檬榨汁
- 1瓣大蒜，細細切碎
- 1顆中型番茄，切細丁
- 1小把新鮮巴西利，切碎
- 12至16個三色鷹嘴豆餅（作法見p.106）
- 4個小的全麥口袋麵包

墨西哥式捲餅所需材料：

- 2份單手量的紅豆，先浸泡一夜
- 1根紅色辣椒，去籽後切片
- 1根綠色辣椒，去籽後切片
- 1小塊的昆布（海帶）
- 新鮮的芫荽（香菜），切碎
- 2個大的墨西哥薄餅（tortilla）
- 酪梨沙拉醬（Vand Chakna Guacomole）（作法見p.31）
- 橙色醬（非必要的）（作法見p.112）

常備材料：

- 卡宴辣椒粉
- 橄欖油
- 天然釀造大豆醬油
- 芥茉籽
- 生命之水
- 海鹽

各式捲餅（We-are-all-one-party wrap）

捲餅是用手直接取用的美食之一，用手享受美食是與友人分享食物一種美妙而有影響力的方式。在每一座錫克寺廟的共有廚房所調製的食物都為素食，而享用時均以手取用並席地而坐。

在印度，阿堅上師（Guru Arjan）及哈爾哥賓德上師（Guru Hargobind）堅持這種免費社區廚房（Guru-ka-langar）的傳統。在哈爾哥賓德上師的一生中（1595～1644年），由他的兒子阿爾塔（Atal）負責打理社區廚房。阿爾塔供應在戰場上錫克人的飲食，他的服務與奉獻眾所週知，形成琅琅上口的一句話：「*Baba Atal, Pakki Pakai Ghal.*」意思就是阿爾塔巴巴供應餐食。本食譜中的三種捲餅正是社區廚房食物的作法，也很適合作為野餐時的餐點。

印度式捲餅作法：

- 將藜麥、甘藷、豆腐及薑放入深鍋中，加入1小份捏取量的卡宴辣椒粉、2大圈橄欖油、1小圈天然釀造大豆醬油及1份抓取量的芥茉籽。以雙手充分翻攪拌勻以增加食材額外能量。
- 加入兩倍於食材量的生命之水於深鍋中。煮至沸騰後燉煮10至15分鐘，或直到藜麥裂開即可。
- 藜麥餡煮好後，蓋上蓋子放涼一會兒。
- 在印度扁麵包中填入煮好的藜麥餡，然後依個人喜好適量加入青、紅醬。

中東式捲餅作法：

- 將芝麻醬、現榨檸檬汁和適量的生命之水調合成濃稠的抹醬。
- 加入壓碎的大蒜，並以海鹽依個人喜好調味。
- 將每一個口袋麵包都抹上調好的芝麻抹醬。
- 在每一個口袋麵包中都放入3或4個鷹嘴豆餅（作法見p.106）。然後再灑上番茄丁及切碎的巴西利。

墨西哥式捲餅作法：

- 將紅豆用大量水浸泡一夜。
- 將泡好的紅豆瀝乾，放入鍋中加上處理好的紅色辣椒及昆布。
- 在鍋中加入兩倍於紅豆量的生命之水。
- 煮至沸騰後再燉煮約1小時，或直到紅豆軟化。瀝乾紅豆。
- 加入2圈橄欖油，然後用叉子輕輕壓碎紅豆。依個人口味加入海鹽調味。
- 將每一個墨西哥薄餅抹上酪梨沙拉醬。上面放置壓碎的紅豆餡，灑上新鮮的芫荽後捲成圓筒狀。上面淋數匙的橙色醬（作法見p.112）（非必要的）。每捲切對半後供應。

Sat Nam

上圖：中東式捲餅
中圖：印度式捲餅
下圖：墨西哥式捲餅

瑜伽蘋果酥派（Yogic apple crumble pie）

　　本食譜是綜合美式「蘋果派」及著名的英式「蘋果酥」（apple crumble）的作法，是一道非常健康的糕點，也是一道非常適合招待賓客的甜點，不只適合特殊場合，也適合每天食用。

做法：

- 烤箱預熱至180℃／350℉／gas mark 4（如為燃氣之英式烤箱則調至指標4）。
- 在直徑約20公分（8吋）的圓形蛋糕烤盤上鋪一張油性的烘焙紙。
- 將所有材料放入大的玻璃碗中，並混合均勻。
- 將混合好的蘋果糊盛入蛋糕烤模中。
- 放入已預熱的烤箱中烤31分鐘，或烤至表面呈金黃色，內部硬挺即可。
- 烤好後立即自烤箱中取出。冷卻後再供應。

Sat Nam

材料：

- 4顆蘋果，削皮磨碎
- 1份單手量的粗糖
- 4份單手量的有機燕麥片（organic rolled oats）
- 1份單手量的牛奶
- 1份單手量的融化後印度烹飪用奶油
- 1份單手量的乾椰絲
- 1份單手量的壓碎綜合堅果

備註：
2份雙手量的液體為250毫升，或8液量盎斯，或1杯

玉米芒果香蕉蛋糕（Corn, mango and banana cake）

　　這是一道特別可口的甜點，適合搭配瑜伽茶，作為宴會、餐間的點心之用。

作法：

- 烤箱預熱至180℃／350℉。
- 在方形蛋糕烤盤（30X20X5公分或13X9X2英吋）上鋪一張油性的烘焙紙。
- 將所有材料放入食物調理機中打成平滑糊狀。
- 將打好的麵糊倒入準備好蛋糕烤盤中，並放入烤箱的中層。
- 烤31分鐘，或烤至表面呈金黃色，內部硬挺即可。也可以利用探針刺入蛋糕中心點做測試，探針拔出時如果完全乾淨不沾麵糊即可。
- 烤好後自烤箱移出，讓蛋糕留在烤盤完全冷卻後再扣出。

Sat Nam

材料：

- 2份雙手量的玉米粉
- 1份雙手量的牛奶或豆漿
- 1份單手量的未精製糖
- 1根香蕉
- 1顆芒果
- 1份單手量的芥花油（canola oil）
- 1份單手量的葡萄乾

備註：
2份雙手量的液體為250毫升，或8液量盎斯，或1杯

傳統千穗穀布丁（Ancient amaranth pudding delight）

材料：
- 1份雙手量的千穗穀（amaranth）
- 1罐椰漿（450毫升或16液量盎斯）
- 1小份單手量的葡萄乾
- 1顆大蘋果，磨碎
- 1顆柳橙的皮，削下後細細切碎
- 1份單手量的蜂蜜
- 1份抓取量的肉桂粉

　　千穗穀是一種含有豐富營養素的穀物，有著精采的歷史。它是哥倫布發現新大陸（Pre-Columbian）之前阿茲特克人（Aztecs，即墨西哥原始居民）的主要食物，並常用在他們的宗教典禮中，因為他們相信千穗穀具有超自然的力量。

　　在1519年西班牙占領墨西哥之前，千穗穀和人類的獻祭有關。阿茲特克人以磨碎的千穗穀混合蜂蜜或人血，做成人形，在祭典中食用。當西班牙的征服者來到之後，對於這種行為非常震驚，因而從此禁止他們食用千穗穀。自此，千穗穀不再出現在人類的飲食中長達數百年之久。今天，千穗穀可在健康食物專賣店或是某些特殊食品超市中找到。

作法：
- 將千穗穀及椰漿放入小鍋中煮至沸騰。
- 沸騰後轉小火，加入葡萄乾、磨碎蘋果、柳橙皮、蜂蜜及肉桂粉。
- 蓋上蓋子，燉煮至千穗穀脹大且湯汁全部收乾。大約需要11至15分鐘。
- 煮好後，熱食或冷食均可，可搭配新鮮或烤過的水果一起供應。

Sat Nam

角豆香蕉核桃糕（Carob, banana and walnut cake）

這是一道豐富的蛋糕，適合特殊場合及每天食用。在瑜伽靜修或瑜伽聚會結束時，常會烤這道蛋糕作為慶祝。配方中不含乳製品、蛋，及糖，是一道零膽固醇的健康糕點——*Wha-hay Guroo*（所有瑜伽行者微笑）。

在全世界，靈量瑜伽行者每年有兩次慶祝活動，各在夏至及冬至時舉行。參加者花七天的時間在野營生活中，參與許多瑜伽課程、兒童的活動及其他治療的活動。冬至活動在佛羅里達州的奧蘭多（Orlando, Florida）舉行，而夏至活動則在新墨西哥州的艾斯潘諾拉市舉行（Espanola, New Mexico）。這兩個活動都是很棒的聚會活動。如果你無法參加活動，就在家烤這個蛋糕。雖然這並不是傳統冬至或夏至時用的食譜，但仍象徵著冬至或夏至聚會的精神。

和本書中其他食譜一樣，所有材料的取用都用手，這就是自由烘焙方式。在多年的經驗之後，保證這種方式是確切可行的。以手作為量取工具的美妙之處就在於，每次做出的成品嚐起來都有些微的差異。如果你不習慣這種自由烘焙的方式，可參考本書第21頁的測量對照表。

在開始動手量取材料之前，先深呼吸並快速搓揉雙手以創造生命力，藉此可使所接觸的任何物品都可得到能量。

材料：

- 2份雙手量的芥花油
- 2份雙手量的椰棗糖漿或蜂蜜
- 1份雙手量的柳橙汁
- 2份雙手量的角豆粉
- 2份雙手量的亞麻籽泥（作法見下方）
- 3份雙手量的全麥麵粉
- 1份抓取量的泡打粉（baking powder）
- 2根香蕉，切片
- 1份單手量的葡萄乾
- 1份單手量的核桃，粗略切碎

常備材料：

2份雙手量的液體為250毫升，或8液量盎斯，或1杯

作法：

- 烤箱預熱至200℃／400℉／gas mark 6（如為燃氣之英式烤箱則調至指標6）。
- 在大玻璃碗中或直接在食物調理機中放入芥花油、椰棗糖漿或蜂蜜、柳橙汁及角豆粉。如果用選用蜂蜜，則做出來的成品色澤會比較淺。
- 將放入碗中或食物調理機的材料全部拌勻，然後再加入亞麻籽泥（作法見下方）。
- 再次拌勻，然後再加入全麥麵粉及泡打粉。如果材料是放在玻璃碗中，則以旋渦式快速拌打18次。如果是使用食物調理機，則啟動開關拌打至鬆軟均勻即可，然後再將麵糊倒出至大碗中。
- 加入切片香蕉、葡萄乾及精略切碎的核桃，均勻拌入麵糊中。
- 將調好的麵糊倒至已薄薄抹油的直徑24公分（9英吋）圓形蛋糕烤模中。
- 將烤模放入已預熱的烤箱中，先烤10分鐘，然後再將溫度降至180℃／350℉／gas mark 4（如為燃氣之英式烤箱則調至指標4）再烤21分鐘。要知道蛋糕是否烤熟，可用探針刺入中心點，如果探針抽出時不沾麵糊就表示蛋糕已烤熟。
- 蛋糕烤好就從烤箱移出。讓蛋糕先冷卻11分鐘再將蛋糕扣出至蛋糕架上。
- 如加蓋存放冰箱，在四天內食用完畢即可。可搭配瑜伽甜點醬一起供應（見 p.119）。
- 亞麻籽泥作法：
  將亞麻籽以3倍的水量浸泡11分鐘。然後全部倒入食物調理機中，啟動開關打至平滑泥狀即可，而表面會呈白色且有許多泡泡。

Sat Nam

瑜伽甜點醬（Yogic dessert cream）

材料：

- 1份雙手量的硬式椰子奶油
- 1份雙手量的淡奶油single（light）cream（如不用椰子奶油，可選用淡奶油）
- 1根香草豆莢剝出來的香草籽
- 1份單手量的蜂蜜
- 1份抓取量的磨碎檸檬皮
- 1份抓取量的磨碎柳橙皮

這是一道美味可口且適用性廣泛的甜點醬，可做成原味或以不用水果做成各種口味及顏色的甜點醬。角豆香蕉核桃糕（作法見p.118）搭配芒果或草莓口味的瑜伽甜點醬，滋味特別好。

做法：

- 將椰子奶油或淡奶油、自香草莢剝出的香草籽、蜂蜜、檸檬皮、柳橙皮全部放入食物調理機中。
- 啟動開關將所有材料充分拌勻。
- 柳橙口味的瑜伽甜點醬：
  將1顆新鮮芒果磨成泥，然後與一份原味瑜伽甜點醬充分拌勻即可。
- 草莓口味的瑜伽甜點醬：
  將1份單手量的草莓去除蒂頭後磨成泥，然後與一份原味瑜伽甜點醬充分拌勻即可。

Sat Nam

角豆香蕉核桃糕與草莓口味甜點

左上圖：瑜伽豆腐酪（作法見p.124）
左下圖：芒果酸辣醬（作法見p.124）
上圖：茄子芝麻芭芭卡奴士醬（作法見p.125）
右圖：青辣椒大蒜醬（作法見p.124）

Chapter

8

獻給女性的食物

以滋養的食物讚美女性

　　女性是令人激賞、負責養育，及具備多種能力的人。部分靈量瑜伽的信仰就是來自女性本能的力量，也就是Shakti，一種對女性將神的創造力具體化，且自身具有創造優勢價值及對世界心靈意識力量的瞭解。

　　瑜伽行者巴贊一直很讚賞女性的力量及美德，他教導許多女性如何透過靈量瑜伽，去發覺自己與生俱來的生命力、自身的光輝、內在的力量及才能。在今天，女性的課程、聚會及計畫，持續為女性形成核心，融入全世界的生活中，幫助她們重建並更新自我。

　　女性擁有獨特而複雜的生化特質，她們的身體在不同階段需要不同方式的養育方式。從青春期到懷孕，從生產到停經，女性的身體有著不同的需求。針對女性的靈量瑜伽技巧，是為每一個女性創造一套系統去愛自己的身體，並享受每一階段的生命。身為女性的關鍵就是愛自己，及學會表達愛自己的正面方式，以滿足身體治療及滋養所需的營養素。本書的兩個作者都跟隨莎克塔考爾卡爾莎（Shakta Kaur Khalsa）研習，自1976年起，莎克塔考爾卡爾莎即正式投入瑜伽行者巴贊的門下。巴贊簡明扼要地表示，莎克塔考爾卡爾莎正是「女性樣貌」（face of a woman）的具體化代表，她帶給我們許多啟示。我們如此有幸能成為她的弟子，在撰寫本章時，心裡時時感念著她。

在靈量瑜伽的技巧中有12種食材對女性而言是必要的，這12種在本章的食譜中也廣泛地採用。同時你也會發現，我們所採用的食材中常出現茄子。它的形狀象徵著女性身體的生殖力；茄子中飽和脂肪及膽固醇的含量都很低；且富含維生素B6及銅。雖然茄子含有相對高量的鈉，但作為蔬菜卻絲毫不影響它的好處，因為只要烹調時不再額外加鹽就好。

至於12種食物中，我們建議你每天食用的是：1大匙的杏仁油，及所有好的油脂類，因為這些可幫助體內毒素的排除；5顆浸泡過且去皮的杏仁，以避免體內堆積不潔之物；1根香蕉以提供鉀；下午四點左右吃10顆葡萄乾，也可提供鉀。

為了使女性能夠安排這些「必需的食物」至每日例行飲食中，享受飲食所帶來的最大益處，因此，建議一天之始的早餐以柳橙、蘋果、芒果汁，或杏仁奶加米糠糖漿為主；午餐則為一日的主要餐食；晚餐則安排非常清淡的飲食——湯、沙拉及蒸蔬菜最為理想。

女性必需的食物

杏仁油——可維護健康的皮膚及頭髮，有助於排除毒素

茄子——可維持荷爾蒙平衡，增進能量

薑——有助於維護神經系統

青色辣椒（微辣）——可預防便祕；提供維生素C

芒果——可調整不規則的月經週期

米糠糖漿——是維生素B群的良好來源

芝麻油——有助於調整失衡的女性荷爾蒙

薑黃——有助於治療體內的器官

麥粒（wheatberries）——可清除腸道；提供身體所需營養素

優格——有助於清除及治療消化系統

速食大頭菜（Turnip Fast）

材料：
3顆白色大頭菜，洗淨

常備材料：
杏仁油
剛磨好的胡椒粉
薑黃粉
天然釀造大豆醬油

大頭菜富含維生素B6，因此，對於舒緩因女性荷爾蒙失衡所造成的不適，大頭菜是一種非常天然的好處方。食用量不受限制，但必須安排在一日三餐中。每天喝8杯生命之水，而瑜伽茶（見p.26）則是想喝就喝。而諸如速食大頭菜這種單一食物的飲食，則可維持5天，最多不可超過10天。

唱誦 *Chotay Pad* 咒語（見p.155）可帶來內在的平靜及喜悅，並可導向好運氣。此外，也有助於直覺的啟發，心靈的淨化及意識的純淨。咒語中包含不同神祇之名，可帶來順遂、心靈平靜與包容力，參透宇宙無限之意。記得在調理這道食物時要唱誦這個咒語。

作法：

· 將大頭菜放進蒸籠中以小火蒸。蒸至大頭菜軟化後，便把大頭菜放在碗裡壓成泥。加入3圈杏仁油、1小份捏取量、剛磨碎的胡椒粉，及1小份捏取量的薑黃粉。

Sat Nam

瑜伽行者軟糊餐（Yogi's mush diet）

材料：
- 5根綠皮葫瓜，切粗片
- 4根芹菜莖，粗略切片
- 1把新鮮巴西利
- 1朵新鮮薄荷尖
- 1小份捏取量的黑胡椒
- 鄉村乳酪（cottage cheese）

　　瑜伽行者巴贊建議進行這種餐食40天可達減重、美化肌膚及清理腸道的作用。每一天的食用量不受限制，但一天的食用次數不可超過三次。兩餐之間可以喝瑜伽茶（見p.25），也可以盡量喝水，一天至少要喝五杯以上。

　　為使生命力（prana）灌注到這道菜中，我們建議你用雙手攪拌材料，並且在攪拌時唱誦11分鐘的咒語 *Saa Taa Naa Maa*。你的聲音波動、你心中的愛，可使這道菜成為真正的瑜伽菜餚。這是一個強有力的咒語，唱誦這個咒語是改變生命的強有力催化劑。

作法：
- 將綠皮葫瓜、芹菜莖、巴西利及薄荷放進竹蒸籠，蒸11至15分鐘，或直到所有蔬菜軟化。
- 加入黑胡椒，然後唱誦 *Saa Taa Naa Maa*，用手將蔬菜及香料搗成軟糊狀，持續搗11分鐘。也可以選擇用食物調理機打成泥狀。
- 如果是進行瑜伽行者軟糊餐時，則和鄉村乳酪一起供應。

Sat Nam

麥粒餐（Wheatberries diet）

材料：
- 1份雙手量的麥粒（wheatberries）
- 4份雙手量的生命之水

甜味：
- 蜂蜜
- 牛奶或豆漿
- 肉桂粉

鹹味：
- 2至4大匙的印度烹飪用奶油
- 1小份捏取量的薑黃粉
- 1顆洋蔥，切丁
- 4瓣大蒜，細細切碎
- 1塊2至3公分大小的薑，磨碎
- 1份捏取量的黑胡椒
- 天然釀造大豆醬油
- 海鹽

備註：
2份雙手量的液體等於250毫升，或8液量盎斯或1杯

　　瑜伽行者巴贊推薦這道美食可增進女性的美麗——可使肌膚擁有閃耀的光澤；使牙齒與牙齦強壯；改善背部及腸道問題；使停經所造成的不適減至最低。每週進行一次麥粒餐，食用量不受限制，但必須在三餐時食用。

甜味的作法：
- 將麥粒以4份雙手量的新鮮水浸泡一夜。
- 瀝乾麥粒，然後將其蒸軟或煮軟，大約需要1小時。如果是用煮的方式，煮好後要再次瀝乾。
- 加入1圈的蜂蜜及2圈的牛奶或豆漿。灑上少許肉桂粉即可。

鹹味的作法：
- 將3份單手量的麥粒以3份雙手量的新鮮水浸泡一夜。
- 瀝乾麥粒，然後用6份雙手量的水煮至麥粒裂開並軟化，大約需要1小時。煮好後瀝乾。
- 在煮麥粒的時候，在炒鍋中以中火加熱印度奶油。加入薑黃粉再加熱數分鐘，之後再加入洋蔥、大蒜及薑。充分拌勻，煮至洋蔥軟化。
- 加入煮好的麥粒及黑胡椒。再以大豆醬油或海鹽調味即可。

Sat Nam

瑜伽豆腐酪（Tofu yogic cheese）

如果你是乳酪的愛好者，本食譜則提供你一個替代奶油乳酪的健康選擇。大蒜及各式香草不但增加成品的風味，並使其具有淨化的功效。你也可以依個人喜好更換材料。做好的成品放置冰箱冷藏可保存七天。

作法：

· 將嫩豆腐放入竹蒸籠以小火蒸5分鐘，蒸好後放置一旁冷卻。
· 將蒸好冷卻後的豆腐以叉子搗爛成平滑糊狀。也可以用食物調理機打成糊狀。
· 加入大蒜、羅勒及薄荷、2圈橄欖油、1圈天然釀造大豆醬油及7滴蘋果醋。將所有材料及調味料充分拌勻。如果口味不合，可依個人喜好調整。

Sat Nam

材料：
· 1塊嫩豆腐（450克或1磅）
· 3瓣大蒜，細細切丁
· 1份單手量的新鮮羅勒葉
· 1份單手量的新鮮薄荷

常備材料：
· 橄欖油
· 天然釀造大豆醬油
· 蘋果醋

（圖見p.120）

芒果酸辣醬（Ang sang wha-hay guru mango chutney）

對女性而言，芒果是果中之后，因為芒果具有來自月亮能量的舒緩力量。這道酸辣醬無論搭配沙拉、米飯或直接塗抹都非常可口。酸辣醬的辛辣程度可依個人喜好及耐受度調整。當拌打所有材料時，藉由唱誦 *Ang Sang Wahe Guru* 咒語來提昇你的能量——「宇宙間動態、生活的喜悅與我體內每一個細胞共舞」。

作法：

· 將切丁番茄、芒果及洋蔥放入食物調理機中，再加入大蒜及檸檬汁。然後依個人喜好加入適量辣椒。啟動開關打碎，但不要打至太細滑的糊狀。放入冰箱冷藏可保存一星期。

Sat Nam

材料：
· 2顆中型番茄，切丁
· 1顆芒果，削皮後切丁
· 1小顆紅色洋蔥，切丁
· 2瓣大蒜，切碎
· 1顆檸檬榨汁
· 1根青色辣椒，去籽後切丁

（圖見p.120）

青辣椒大蒜醬（Green chilli and garlic paste）

青色辣椒含有豐富的維生素C，具抗氧化功效，此外含有葉綠素，具有高度的生命力。這道醬料融合各種材料，你可以依照個人對辣味及辛香料的接受度，調整辣椒的用量。

作法：

· 將辣椒及大蒜放入食物調理機中，打成極細滑泥狀。
· 加入檸檬汁再拌勻，然後盛至玻璃碗中。
· 加入切碎的新鮮芫荽，然後攪拌均勻。
· 裝入有蓋的容器中再放入冰箱保存，保存期限可至四週。
· 可塗抹於麵包上、加入湯中或搭配沙拉一起食用。

Sat Nam

材料：
· 4至5份單手量的青色小辣椒
· 3瓣大蒜
· 1顆檸檬榨汁
· 1份單手量的新鮮芫荽，切碎

（圖見p.120）

茄子芝麻芭芭卡奴士醬（Aubergine and sesame baba ganoush）

材料：
· 1個茄子
· 1顆檸檬榨汁
· 2瓣大蒜，細細切碎
· 2份抓取量的新鮮巴西利葉

常備材料：
· 芝麻醬
· 橄欖油
· 天然釀造大豆醬油

（圖見p.120）

靈量瑜伽的修行者在烹調時常採用茄子，這是因為茄子含有許多婦女所需的營養素，不但可增加能量，更對荷爾蒙的平衡很有幫助——而茄子的形狀正象徵著成年女性。當調理這道菜餚時，唱誦*Adi Shakti*咒語（見p.155），來讚美女性一生各時期的重要性。一如瑜伽行者巴贊所說：「根據女性的樣貌，就可以判斷國家是否強盛」。

作法：
· 烤箱預熱至200℃／400℉／gas mark 6（如為燃氣之英式烤箱則調至指標6）。
· 在將茄子放進已預熱的烤箱之前，先以叉子刺小洞。
· 將茄子放進烤箱烤至軟嫩，大約需要22分鐘。也可以直接用火烤，要小心皮不要烤焦。
· 小心地將茄子自烤箱移出，然後放入可封口的塑膠袋中11分鐘。這麼做可使茄子藉由自身熱氣進一步蒸至熟軟。
· 將茄子自塑膠袋取出。以自來水沖，並將皮剝除。
· 將茄子切丁放入玻璃碗中。然後加入2湯匙芝麻醬、檸檬汁及大蒜，以湯匙或叉子將茄子壓成泥。依無限大符號（∞）形狀攪拌均勻。芝麻醬用量可以個人口味增加。最後以大豆醬油調味。
· 用湯匙將混合好的成品盛入供應碗中。以1圈橄欖油及巴西利葉做裝飾。
· 可搭配米飯或口袋麵包及沙拉作為午餐，或在宴會中與混合沙拉作為點心供應。

Sat Nam

金黃奶（Golden milk）

材料：
· 1大撮薑黃粉
· 2湯匙生命之水
· 蜂蜜
· 2大湯匙杏仁油
· 2份雙手量的牛奶
· 2份雙手量的杏仁奶
　（如不用牛奶，可選擇杏仁奶）
· 剛磨好的肉桂粉（非必要的）

備註：
2份雙手量的液體等於250毫升，或8液量盎斯或1杯

這是出自瑜伽行者巴贊的一道經典飲品，對女性健康特別有益。杏仁油可滋養並潤滑關節及脊柱，而薑黃可使身體溫暖並使身體活動較靈活。

傳統金黃奶是以牛奶為主，在本配方中我們建議以高營養價值的杏仁奶作為另一選擇。

作法：
· 在小鍋中將水及薑黃粉煮沸8分鐘。
· 在另一個平底鍋中，將杏仁油及杏仁奶煮至沸騰。一旦沸騰，就將鍋從火上移除。
· 將薑黃水及杏仁奶的混合物調合。依個人口味，加入適量蜂蜜。
· 要喝之前，再灑上剛磨好的肉荳蔻，可以增加美妙而芳香的口感（非必要的）。

Sat Nam

鷹嘴豆茄餅（Chickpea parmigiana with coriander sauce）

這道茄餅（Parmigiana）是一道義大利式菜餚，是由義大利都靈（Turin）的卡斯提立諾夫人（Signora Castellino）所創。卡斯提立諾夫人是一位臨床醫師，是四個孩子的母親，也已身為祖母。她容光煥發、優雅又心胸寬宏，是一位典型充滿靈性能量的婦女。

材料：
- 2個茄子，切片
- 1份雙手量的熟鷹嘴豆
- 2瓣大蒜，切碎
- 1顆紅色洋蔥，切碎
- 1塊2至3公分大小的新鮮薑，細細磨碎
- 1顆檸檬的皮，磨碎
- 1顆檸檬榨汁
- 1份單手量的新鮮芫荽，切碎

常備材料：
- 卡宴辣椒粉
- 橄欖油
- 蘋果醋
- 磨碎芫荽
- 綠色橄欖
- 剛磨好的黑胡椒

所有材料約為2至4人份

作法：
- 將茄子橫切成約1個指頭寬度的厚圓片，然後灑上卡宴辣椒粉，刷上橄欖油。
- 將平底鍋加熱至高溫，然後將茄子放入鍋中乾烤，烤至茄子肉軟化而皮略焦即可。
- 茄子烤好後盛至玻璃碗中，加入2湯匙的蘋果醋浸泡。
- 將鷹嘴豆粗略切碎後放入玻璃碗中，加入1份抓取量的磨碎芫荽，1瓣大蒜壓碎後加入，然後加入處理好的洋蔥、薑、檸檬皮及檸檬汁，以及10顆綠色橄欖去核後切碎加入。充分拌勻後放置一旁。
- 在供應盤中先放置一片茄子，上面鋪一層鷹嘴豆餡，然後上層再加上另一片茄子，再鋪上另一層鷹嘴豆餡，如此反覆茄子與鷹嘴豆餡疊數層，最後以鷹嘴豆餡做結尾。如果要供應較大的份量，就多疊幾層。依用餐人數重覆上述步驟製作供應份數。
- 供應時，在疊好的茄子塔上淋上芫荽醬（作法見下方）。
- 芫荽醬作法：
  在食物調理機中放入4大匙橄欖油、1瓣大蒜切碎後加入，及1份單手量的切碎新鮮芫荽，啟動開關將所有材料打勻。以剛磨好的黑胡椒粉調味即可。

Sat Nam

歡樂午餐盤（Wha-hay lunch plate）

　　瑜伽行者巴贊建議女性食用茄子的重要理由之一，正是茄子可提昇整個生理系統的能量，有助於調整月經週期，因此這道菜餚對女性非常有益。如同裏麵糊的油炸食物（pakoras），這一道典型的「旁遮普」點心，材料包括了杏仁及海苔，杏仁油是靈量瑜伽主張女性必需的食物之一，而海苔則富含鐵質及維生素B12。

材料：

- 1包海帶芽（wakame seaweed）（50克或1＋3/4盎斯）
- 1份雙手量的豆漿或牛奶
- 2顆小型茄子
- 2片麵包揉碎成新鮮麵包屑
- 新鮮芫荽（裝飾用）

常備材料：

- 乾燥薄荷
- 乾燥羅勒
- 葛粉（或洋菜粉）
- 天然釀造大豆醬油
- 杏仁片（裝飾用）

作法：

- 烤箱預熱至200℃／400℉／gas mark 6（如為燃氣之英式烤箱則調至指標6）。
- 將海帶芽浸泡在熱水中，泡至軟。瀝乾後放置一旁。
- 接著準備調理茄子用的麵糊。在玻璃碗中放入豆漿或牛奶，各1小份捏取量的乾燥薄荷、乾燥羅勒及葛粉（或洋菜粉），及少許大豆醬油。將所有材料攪拌均勻。
- 將茄子削皮後橫切成約1個指頭寬度的厚圓片。
- 把切好的茄子圓片沾上麵糊，然後再沾上麵包屑。
- 在烤盤上先鋪油性烘焙紙，將沾好麵包屑的茄子片排好，放入已預熱的烤箱烤22分鐘，或烤至褐色而酥脆。
- 將瀝乾的海帶芽鋪在供應盤上，給茄子墊底。
- 將烤好的茄子鋪在海苔上面。
- 供應前，灑上大量的杏仁片及切碎的新鮮芫荽。

Sat Nam

卡爾撒扁豆湯（Khalsa lentil soup）

材料：
- 1顆大洋蔥，切片
- 3瓣大蒜，壓碎
- 1塊2至3公分大小的新鮮薑，細細磨碎
- 1份單手量的黃色扁豆，洗淨後浸泡一夜
- 2根歐洲防風草根，削皮後切成大塊狀
- 2至3根胡蘿蔔，削皮後切成大塊狀

常備材料：
- 橄欖油
- 磨碎的小茴香
- 月桂葉
- 生命之水
- 剛磨好的黑胡椒粉

卡爾撒意謂純淨，且卡爾撒信徒是曾經歷由哥賓辛上師所創始的神聖安姆瑞特儀式（Amrit Ceremony）之錫克教徒。今天，許多歐洲人有卡爾撒家族的傳統，遍布世界各地的信徒集結在共同的信仰之路。這道湯品非常溫暖，不但象徵著女性之間的友誼，也代表著靈量瑜伽家族間的友誼。

作法：
- 在大平底鍋中加入數圈橄欖油，油熱後炒洋蔥、薑及大蒜。然後再加入瀝乾的扁豆、歐洲防風草根、胡蘿蔔、3份抓取量的磨碎小茴香及2片月桂葉，拌炒均勻。
- 將上述材料炒勻後加入生命之水，水面高度須超過扁豆及蔬菜2公分（或3/4英吋）。將水煮至沸騰，然後轉小火慢燉，燉至扁豆及蔬菜軟化。將鍋子自爐火移開，使其略為冷卻。
- 將鍋中的月桂葉取出，其餘材料全倒入食物調理機中，打成半濃稠的濃湯狀。
- 最後依個人口味，以剛磨好的黑胡椒粉調味。

Sat Nam

上師歡樂茄子沙拉（Wha-hay guroo aubergine salad）

材料：
- 2顆茄子
- 1小根紅色辣椒，去籽後細細切碎
- 1顆檸檬榨汁
- 芫荽葉，切碎

常備材料：
- 橄欖油
- 剛磨好的黑胡椒粉
- 芝麻

這道菜是克洛伊莫理斯（Chloe Morris）所創，以生茄子作為主要食材，我們曾經都覺得驚奇、意外而不可置信。畢竟，烹調茄子常用的方式都會加鹽，這是對女性特別不健康的方式，而後油炸茄子，則不利於心臟的健康。克洛伊教我們如何利用雙手和橄欖油按摩茄子，使茄子熟成，並將我們自身能量灌注其中。當我們調製這道菜時，唱誦 *Guru Mantra of Ecstacy*（見p.155），可使結果充滿神聖的能量。

作法：
- 將茄子切成細長條，然後放入大碗中。
- 倒入一些橄欖油，輕柔地按摩茄子，視實際需要可增加橄欖油用量。此時茄子應開始軟化，且顏色轉為淡金黃色。按摩茄子時記得同時要唱誦 *Wha-hay Guroo，Wha-hay Guroo，Wha-hay Guroo。Wha-hay Jeeo*。
- 將切碎的辣椒加入拌勻，然後以剛磨好的黑胡椒依個人喜好調味。
- 這道沙拉可以做好後立即食用，但如果浸泡一夜後風味更好。
- 供應前，擠檸檬汁淋在茄子上，並充分拌勻。然後再灑上切碎的芫荽葉及1份抓取量的芝麻。

Sat Nam

上圖：卡爾撒扁豆湯
下圖：上師歡樂茄子沙拉

茄子胡椒酥餅（Tofu, aubergine and pepper baked pastry）

材料：
- 1根茄子
- 1塊豆腐（450克或1磅）
- 1包酥皮（puff pastry）
- 1顆檸檬榨汁
- 1顆紅色甜椒，切片
- 1顆紅色洋蔥，切片
- 7片新鮮羅勒葉，切碎

常備材料：
- 橄欖油
- 天然釀造大豆醬油
- 芝麻

傳統上，瑜伽行者以這道菜餚作為早餐或午餐，事實上，這道菜也極適合作為宴會中的美食。在烤這道酥餅時，可以同時唱誦 *Guru Gaitri* 咒語（見p.155）。這個咒語可使大腦左半球及右半球穩定，此外，也對心產生作用，有助於建立悲憫心、耐心及忍受力，使人和宇宙合而為一。

作法：
- 烤箱預熱至200℃／400℉／gas mark 6（如為燃氣之英式烤箱則調至指標6）。
- 將茄子削皮後切成兩半，每一半再切成3份楔形。每一份楔形塗抹數滴橄欖油，放置一旁待用。
- 將豆腐切成手指寬的片狀。以等量的大豆醬油及檸檬汁混合後，醃豆腐15分鐘。醃好的豆腐放在油性烘焙紙上，送進烤箱烤11分鐘。
- 在烤豆腐的時候，在灑麵粉的工作檯上將酥皮展開成30X20公分（12X8英吋）的四方形。將紅色甜椒及紅色洋蔥切成細條。
- 將紅甜椒、洋蔥、茄子、及烤好的豆腐鋪在酥皮上，每一邊留3公分（1＋3/4英吋）的空隙。灑上切碎的羅勒及1份抓取量的芝麻在中央的餡料上。將酥皮捲起，捲的時候順便將邊摺進去。
- 灑上更多的芝麻，烤31至35分鐘。
- 利用烤酥餅的時間，學習 *Guru Gaitri* 咒語。

Sat Nam

上師女性咖哩（Woman guru curry）

這份食譜是直接取自古代吠陀經文（Vedic scriptures），敘述著：「哦，女性，女果你可以調理出這種食物，並依賴這種食物延續生命，這將是一個極好的想法，且沒有人會了解為何你是如此美麗而偉大。」

材料：

- 1顆洋蔥，切片
- 4瓣大蒜，壓碎
- 1塊2至3公分大小的新鮮薑，細細切碎
- 1份單手量的鷹嘴豆粉
- 1顆檸檬榨汁
- 滿滿1湯匙的優格
- 2份單手量的杏仁，汆燙後去皮
- 1份單手量的核桃
- 2份抓取量南瓜籽
- 2根綠皮胡瓜，切片
- 2根胡蘿蔔，切片
- 1根綠色辣椒，細細切碎
- 1把新鮮芫荽，切碎

常備材料：

- 生命之水
- 薑黃粉
- 天然釀造大豆醬油

作法：

- 在大炒鍋中以數滴生命之水炒洋蔥、大蒜及薑，炒至軟。如果有需要可再多加些生命之水，以防止炒焦，並確保此三聖根可以其所含的汁液炒熟。
- 當炒軟後，加入鷹嘴豆粉、檸檬汁及1份抓取量的薑黃粉。依無限大符號（∞）的形狀將材料攪拌均勻。
- 為了使成拌勻後的糊狀物呈奶油般質地，需加入滿滿1湯匙的優格。以中火加熱再持續攪拌3分鐘。
- 加入汆燙過的杏仁、核桃、南瓜籽、切片的綠皮胡瓜及胡蘿蔔、切碎的綠色辣椒及芫荽。繼續攪拌直到所有材料都熱透。加入大豆醬油調味。
- 供應時可搭配米飯、印度烤餅（見p.100）及沙拉一起食用。

Sat Nam

尊貴女性水果沙拉（Shakti majestic fruit salad）

在這道水果沙拉中，我們挑選對女性特別營養的水果種類。當然，也可以不必全部都用，可從其中選擇部分做成你自己的特殊成品。也可以隨自己的喜好決定每一種水果的用量。由於這道尊貴的水果沙拉對健康極佳，因此食用量不受限制，只要記得最好在空腹時吃水果即可。這樣可確保水果能被適當地消化，進而能夠吸收到最多的營養素。此外，也可以避免諸如脹氣和便祕的問題。女性具有Shakti能量，也就是宇宙中的月球，具有滋養及安靜的力量。這道沙拉歌頌著女性靈魂的豐富特性。

材料：

- 1顆桃子
- 1顆李子（plum）
- 1顆柿子（persimmon），去皮
- 1顆木瓜，去籽後削皮
- 1顆無花果
- 1顆梨子
- 1顆芭樂
- 1根香蕉
- 1顆石榴的所有籽
- 1顆芒果
- 4顆核棗
- 1顆柳橙榨汁

作法：

- 除了石榴之外，其餘的水果都切成小丁，然後一起放入大玻璃碗中，最好不要用金屬碗，因為金屬會破壞水果中的維生素。
- 將石榴的籽取下，並把籽加入切好的綜合水果中。
- 在綜合水果上淋柳橙汁，並用手攪拌均勻。
- 調好的水果沙拉最多可在冰箱存放一天，但盡早食用完畢能保有較多的營養素。

Sat Nam

蔬菜沙拉配靈性能量醬汁

（Vegetable salad with kundalini dressing）

材料：
- 1顆捲心萵苣
- 1小把新鮮羅勒葉
- 4份單手量的沙拉用嫩綠葉菜
- 2顆番茄，細細切丁
- 1小根小黃瓜，切丁
- 1小把櫻桃蘿蔔，切丁
- 1顆檸檬榨汁
- 1小份單手量的烤芝麻

常備材料：
- 紅葡萄醋
- 橄欖油
- 芝麻油
- 天然釀造大豆醬油

這道沙拉搭配的是具奇妙靈性能量、女性靈感的醬汁，具強烈、廣大而美妙的特性。為了使它的好處發揮至極致，並使沙拉吸收所有的風味，可讓蔬菜浸漬在靈性能量醬汁中至少22分鐘。

作法：
- 以手將捲心萵苣及羅勒葉撕成小片。放入大碗中和沙拉用嫩綠葉混合均勻。
- 加入切丁的番茄、小黃瓜及櫻桃蘿蔔。
- 淋上靈性能量醬汁（作法見下方），並以手充分拌勻，如此可將你的生命力灌注到食物上。
- 拌勻後讓沙拉浸漬22分鐘再供應。
- 靈性能量醬汁作法：
  將檸檬汁、1圈紅葡萄醋、2圈橄欖油、少量芝麻油、7滴大豆醬汁及烤芝麻，混合均勻即可。

Sat Nam

茄子石榴湯（Aubergine and pomegranate soup）

這道湯品源自於敘利亞（Syrian）的食譜，經修改後成為不含肉類的瑜伽式飲食。與米飯及熟黃豆極為搭配。含有檸檬風味的石榴汁，是清除血液有害物質的極佳食品。

材料：
· 1顆洋蔥，切丁
· 7瓣大蒜，細細切碎
· 2根茄子，前皮後切丁
· 7顆石榴，榨汁
· 1顆檸檬，榨汁
· 2份抓取量的切碎新鮮巴西利

常備材料：
· 生命之水
· 瑜伽或有機高湯塊
· 橄欖油
· 海鹽

備註：
2份雙手量的液體等於250毫升，8液量盎斯或1杯

作法：
· 在大鍋中以中火乾炒洋蔥，炒到軟化，但注意不要炒焦。然後加入茄子及石榴汁。
· 倒入生命之水，水量需達鍋子的一半。
· 將1顆高湯塊剝碎後加入鍋中，另外再加入2圈橄欖油。將水煮至沸騰，然後轉小火繼續燉煮31分鐘。
· 依個人喜好，加入適量海鹽及檸檬汁調味。
· 供應前灑上切碎的新鮮巴西利。

Sat Nam

聖靈湯（Humee hum brahm hum soup）

材料：
- 2根茄子，橫切成厚圓片
- 2根胡蘿蔔，剝皮後切丁
- 1顆甜菜，切丁
- 1顆洋蔥，切丁
- 1顆馬鈴薯，切丁
- 1顆綠花椰菜，只要頂部，剝成小花狀
- 4瓣大蒜，壓碎
- 1至2根小的綠色辣椒，去籽後切碎

常備材料：
- 生命之水
- 瑜伽或有機高湯塊
- 薑黃粉
- 天然釀造大豆醬油

按照字面意義來看，*Humee Hum Brahm Hum* 咒語意謂著神的完整聖靈。在這道湯中，每一種蔬菜都代表著一個自我，而合在一起時則代表完整的聖靈。這個咒語使這種特性成為真實。

在靈量瑜伽飲食中，建議婦女每天食用一餐蒸蔬菜，而且最好安排在就寢前三小時的晚餐。我們將這道湯調整為既美味且低脂的健康配方。當一邊烹調時，別忘了一邊唱誦這個意義完整的 *Humee Hum Brahm Hum* 咒語。

作法：
- 除了綠色辣椒之外，將所有蔬菜放入竹蒸籠裡蒸到軟。
- 在蒸蔬菜時，在另一鍋中倒入生命之水，水量需達鍋子一半，然後煮至沸騰。
- 切碎辣椒放入水中，辣椒用量可依個人口味斟酌。加入1顆高湯塊及1份捏取量的薑黃粉。
- 當湯底煮好後，將蒸好的蔬菜放進沸騰的湯中，依畫圓的方式攪拌一次。然後依個人喜好加入大豆醬油調味即可。

Sat Nam

瑜伽與朋友

成長中的集體意識

　　和友人一起修練瑜伽是一個非常強有力的經驗，不僅是進行個人的覺醒，同時也建立集體的意識。這些集會稱為satsang，是瑜伽修行方式的重要部分。Satsang的字面涵義是「在智慧的同伴中」，且為一段討論理想和真理法則的時間。這些論述的重心包含了精神層面的生活、健康及治療情緒方面的健康、情感、欲望、夢想及發展而來的心靈經歷、輪迴（reincarnation）、世界大事、修行生活（ashram life）及另一個世界。

　　一如安排任何計畫，開始培養你的瑜伽生活，以及薩丹納（sadhana），也就是個人的修習方式，是靈量瑜伽基礎的一環。薩丹納即是一種承諾，是自己與自己之間的關係。這當中有一些指引，是每天都要做某些事。可能是2.5小時的薩丹納；可能是11分鐘的靜坐冥想；或是瑜伽課，或是在家中完成例行瑜伽修習。這都是練習和你的心靈做溝通，藉以了解自身的內在及經歷你內心深處的喜悅。在靈量瑜伽的傳統中，建議最好在清晨4到7點的美妙時光修習薩丹納，一般認為這是心靈修習最適當的時間。這也會帶給你一天好的開始。

　　在本章中，我們羅列了許多淨化法（kriyas）及靜坐冥想的方式，可構成薩丹納的基礎，並且在朋友前來與你分享食物時，可與朋友一起練習。此外，也解釋了許多手印（mudra），可以在修習時一併運用，也可以作為本書中量取材料的基礎。

調整及暖身（Tuning in and warm-up session）

　　在進行靈量瑜伽課程及靜坐冥想之前，必須先做的就是「調整（tune in）自己以與內在智慧一致」，也就是以非常特殊的方式唱誦 Adi 咒語（Adi mantra）。無論對任何修習來說，一般都認為這是一個重要的序曲，其作用在於完成與偉大導師及神的化身之間的連繫，期使在修習時能獲得保護及引導。

　　在調整之後必須花數分鐘的時間暖身，有兩種運動可供你參考。在靈量瑜伽中，為了使動作產生更深的影響，吸氣時可在心裡唱誦 Sat，而在呼氣時則唱誦 Num。做的時候就將注意力放在第三隻眼，也就是在雙眉間的眉心位置。

調整（TUNING IN）

　　在每一次靈量瑜伽的修習之前都需要先以Adi 咒語（見p.155）調整自己。一開始，安靜地以輕鬆式（Easy Pose）（見下圖，p.138）坐著，雙目輕閉並保持脊椎直挺；或者也可以隨自己喜好採用其他較舒服的靜坐姿勢。將注意力集中在呼吸，藉由長而深地緩慢呼吸數分鐘，使自己集中。維持這種姿勢直到覺得內心寧靜可以開始修習為止。

　　當準備好後，將手掌和手指一起放在心輪位置作祈禱者手印（Prayer Mudra）。手指應自胸口60度向上並向外，姆指底部緊貼著胸骨。

　　此時眼睛仍閉著，將注意力集中同時放在第三隻眼及心輪的位置。深深地吸氣，然後吐氣時唱誦 Ong Namo。Ong 的音長應與 Namo 同，應在喉嚨、頭顱及鼻腔後方引起振動。Adi 咒語最好是在一次吐氣時唱誦完畢。如果做不到，就先暫停，然後在繼續唱誦 Guroo Dayv Namo 之前先小吸一口氣── Guroo 為短音；Dayv 則延長音；而 Na 為短音，至 Mo 時完成整個呼吸。

◀ 輕鬆式（Easy Pose）

　　舒服地以輕鬆式坐著，意思是指脊椎挺直而腿在身體前方交叉，也就是盤腿。保持脊椎挺直是很重要的，因此，如果有需要，可以藉助墊子提高身體的位置。如果你沒有辦法做到盤腿，就讓腿輕鬆地在身體前方環繞著即可。除非有特別指示，否則就繼續保持閉目的狀態。

▲ 貓式與牛式（Cat-Cow）

四肢都跪在地面上，雙手直撐在雙肩下方，雙膝分開與肩同寬，並直跪在臀部下方。

吸氣並將背部彎成一向下的曲線──臉向上抬朝向天花板。此時感覺背部得到伸展。這個姿勢稱為牛式（Cow Pose）。

接著，吐氣並將背部向上拱起向上，盡可能拱至最高點。保持手和膝貼在地面，並放鬆頸部，使頭垂向地面。這個姿勢稱為貓式（Cat Pose）。

反覆做貓式與牛式三分鐘，最後，深深吸氣並保持牛式的姿勢十秒鐘後再結束。

▶ 腿部伸展式（Leg Stretch）

坐在地板上將腿向前伸直，並將手臂伸向兩側。

吸氣並將手臂舉向天花板，保持手臂直舉。

呼氣並將軀幹及手臂壓低朝腳趾成一直線，自骨盆向前伸展。如果可以的話，以雙手大姆指、食指及中指抓住腳趾。

維持這種姿勢吸氣及吐氣。每一次吐氣時，身體向前放鬆，使肚臍更貼近腿部。此時感覺「生命神經（life nerve）」（即坐骨神經）得以伸直並延展。持續做三分鐘。結束時，吸氣並進一步伸展，維持姿勢十秒鐘。然後緩慢地呼氣回到開始時的姿勢。

現在你已經做好修習前的準備──可以開始淨化法、放鬆，然後進行靜坐冥想。如果願意，你可以在進行修習時，選擇適合的咒語音樂陪伴你，不然就保持靜默地修習。當結束靈量瑜伽的修習之時，記得唱誦三長聲的 *Sat Nam*。

手印（The mudras）

　　手指和姆指都是身體末端的能量脈（nadis）。藉由在這些點微微地施加壓力，就可以使心靈與身體進行溝通。手印就是用於瑜伽中的手的姿勢，是由手指以特別的姿勢相扣所產生，可產生引導能量流到腦不同部位的效果。能量流的去向端賴手指及姆指間的接觸點來決定。

　　本書所選的手印都是在烹調及供應食物時可輕鬆運用的招式。其中Gurprasaad手印（Gurprasaad Mudra）、螳螂手印（Praying Mantis Mudra）及Gyan手印（Gyan Mudra）同時也是量取材料的標準工具招式（見p.23）。

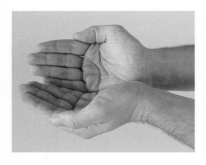

Gurprasaad 手印

　　將雙掌側邊及小姆指貼緊，其餘手指併攏合成杯狀。這個手印來自上師的祝福，使我們能接受健康、財富與快樂。

螳螂手印（Praying Mantis Mudra）

　　將五根手指的指尖聚在一起。這個手印可專注及聚合五大元素（即土、天、氣、火、水）達到協調的境地。

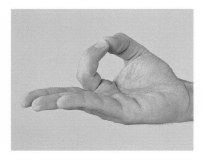

Gyan 手印

　　將食指與姆指兩指尖聚在一起。這是接受知識與神的智慧，以及連結地球能量至木星（Jupiter）的手印。

Shuni 手印

　　將中指與姆指兩指尖聚在一起，其餘手指則盡可能伸直。這個手印可將土星（Saturn）的能量帶至地球，可建立耐心及情感奉獻的管道。

太陽神手印（Surya Mudra）

　　將無名與姆指兩指尖聚在一起。這個手印可將太陽與金星（Venus）的能量帶至地球，對身體健康、活力與美麗極有幫助。

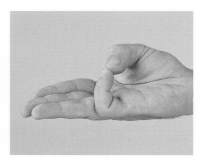

菩提手印（Buddhi Mudra）

　　將小指與姆指兩指尖聚在一起。這個手印可連結水星（Mercury）與地球間的能量，建立起快速溝通與治療的能力。

自然界五大元素

在印度阿育吠陀醫學（見p.20～21）中，人體的身體是由自然界五大元素（或稱tattva）所組成，而每一個元素都連結一種「心理上的投射（projection）」或情緒。「土」呈現的特性為膽量，「水」代表了欲望，「火」呈現了憤怒，「氣」代表了情感，而「天」則呈現了自尊心與自我意識。

這五大元素也會持續地彼此互相轉化，對人類來說，會轉化為三種主要的能量（或稱doshas），也就是風能（Vata）、火能（Pitta）和地能（Kapha），此三者負責身與心所有的生理面與心理面。每一種能量都有一主導元素，也就是主要的元素，主導風能的元素為氣，而影響風能的次要元素則為天；主導火能的元素是火，而水則是影響火能的次要元素；至於主導地能的元素則是水，氣則為次要的影響元素。

在靈量瑜伽中，透過淨化法（kriyas）及靜坐冥想的修習，及採用特殊的手印，每一元素間的連結及其心理上的投射能夠得到平衡及協調，可使我們達到身與心的純然健康。

淨化法（The kriyas）

　　Kriya這個字的意思是動作，在靈量瑜伽中指的是為了某特殊理由一連串的呼吸、姿勢與聲音，以特殊方式組合在一起。雖然這意味著做某些事，然而其最深的含義則超越身體的生理之上——進行淨化法是為了領會成為真實的特殊狀態的一種奉獻。藉由淨化法，目標會實現，而精通淨化法可帶來慈善、力量及完成事物的能力。淨化法是靈量瑜伽的一種技巧，且淨化法並非只是一串任意的動作，而是必須根據瑜伽行者巴贊的指示正確地執行每一個動作。

排毒淨化法（DETOXIFICATION KRIYA）

排毒，瑜伽行者巴贊在1984年5月29日所教授。

▶ 背部平躺，腿伸直。盡可能使腿緊貼地面，同時腳跟併攏。將腳趾轉向外側，即左腳腳尖朝向左邊，右腳腳尖朝向右邊（見右圖）。

　　雙腳轉動，使腳趾併攏朝上成平行，腳的內側互相碰觸。重覆腳的開與合動作，共做4分鐘。做的時候要確保腳跟始終維持併攏。

▲ 接著，將手放在頭下方。舉起雙腿離地60公分。將雙腿像剪刀一樣交互上下快速移動，就像要剪紙一般。做的時候要確保向下移動的腳跟不要碰觸地面，而雙腿需始終保持直挺。共做4分鐘。當用力做這個動作時，可以清除內在的憤怒。

◀ 現在，將身體反轉，胃部貼著地而雙手臂彎曲扶地，放在頭兩側。伸出舌頭。呼氣時將胸口挺起離開地面，將上半身抬起成眼鏡蛇式（Cobra Pose），但要從胸口向前推，而不是從下背部或臀部。吸氣時將上半身降下趴在地面。以強力的呼吸方式重覆做這個動作6＋1/2分鐘。這個運動對排毒有絕佳的好處。

▶ 轉身躺著，雙手放在兩側。雙膝彎曲縮向胸口，雙臂向上舉直，手掌向內並保持雙臂平行。接著，保持雙臂與身體平行並將雙腿伸直，最後同時將雙臂與雙腿放下回到地面。重覆做3分鐘，細心控制每一個動作。每一次在手臂與腿放下回到地面時，要確保靜默無聲。

◀ 接著以輕鬆式坐著（見p.138）。以口吸氣與呼氣，將身軀以逆時針方向繞著脊椎底部旋轉。這個動作必須保持連續，共持續做3分鐘，在最後一分鐘裡，動作加快，愈快愈好。

▲ 站起來。彎下身體並抓住雙腳的腳踝，保持雙腿挺直。握住腳踝，然後身體慢慢蹲下，臀部略懸空不可碰觸地面，如果可以，使雙腳平貼地面。慢慢起身站立，但雙手始終握住腳踝。這個烏鴉蹲坐（Crow Squat）的動作做2分鐘。

▲ 回到輕鬆式坐姿，並唱誦11分鐘的*Sat Naam*，*Sat Naam*，*Sat Naam*，*Sat Naam*，*Sat Naam*，*Sat Naam*，*Wha-hay Guroo*。每唱誦一遍咒語約需7至8秒。

◀ 結束時，深深吸氣並將雙掌合併，手臂往頭上伸直。以此姿勢，屏住呼吸20至40秒，同時將脊椎盡可能伸展延長。再重覆做兩遍，然後吐氣並放鬆手掌、手臂及肩膀。

治療胃部淨化法（HEALING THE STOMACH KRIYA）

胃部的治療（為幫助消化），瑜伽行者巴贊在1985年
5月15日所教授。

▲ 以輕鬆式坐著（見p.138），將雙臂平伸向身體兩
側，掌心向上，保持手臂直挺與肩同高。此時感覺手
肘向外伸展。進行整個淨化法時，頭部必須保持在頸
部正上方。張開嘴巴，然後微微伸出舌頭並捲起。透
過捲起的舌頭用力地吸氣與呼氣。

▲ 在吸氣時，雙臂高舉至頭上，手掌朝內，但不要互
相併攏。呼氣時手臂放下到開始的位置。重覆做手臂
高舉與放下的動作6分鐘。

◀ 接下來，以雙手指尖抓住雙肩。持續透過捲起的舌頭進行
呼吸。吸氣時轉動身軀朝向左邊，然後呼氣時轉動身軀朝向
右邊。持續做2分鐘。

▲ 回到輕鬆式（如果可以就做蓮花式（Lotus Position）），並以雙手抓住雙膝。繼續透過捲起的舌頭呼吸，吸氣並將身體向後倒（見圖）。呼氣，身體向前回復為坐姿並繼續向前捲讓前額觸地。（見圖）然後抬頭吸頭再次向後倒，接著呼氣再次向前，重覆所有動作做3分鐘。

▶ 接著，高舉起雙臂成「V」字形，掌心朝上，就像正在接受祝福一般。將注意力集中在第三隻眼的位置，也就是在略高於眉毛的眉心位置。透過捲起的舌頭緩慢地深呼吸，共做4分鐘。

a

b

▲▶ 回到一開始的姿勢，雙臂伸直向兩側伸展，與肩同高，掌心朝上（見p.145）。將雙臂上舉45度（見p.146圖a），然後轉動手臂使掌心朝下。

將雙臂降回與肩同高的位置（見p.146圖b），然後將手臂再轉回使掌心朝上，並再次上舉45度。透過捲起的舌頭緩慢地深呼吸。這個動作需做1＋1/2分鐘。

▶ 接著，轉為嬰兒式（Baby Pose）。要做這個姿勢，必須以跪姿坐在腳跟上，然後放鬆身軀，向前貼著大腿，前額觸地，手臂放在兩側，掌心朝上。以此姿勢放鬆4分鐘。

▲ 回到跪姿，將雙手放鬆置於大腿上。身軀傾向後方與地面呈60度，此時感覺胃部得到伸展。保持收下巴的狀態，胸口向前推出，維持1分鐘。這時，再將身軀向前傾斜同樣與地面呈60度，並維持這個姿勢1分鐘。接著，再次向後傾斜，這次，要維持2分鐘。

◀ 結束時，回到跪姿，並將雙手在心輪位置交叉。心中默想 *Sangeet Kaur's Naad* 的祝福3分鐘，然後再自心輪唱 *Sangeet Kaur's Naad* 7分鐘。

最佳健康淨化法（KRIYA FOR OPTIMUM HEALTH）

最佳健康，瑜伽行者巴贊在1988年10月5日所教授。

▲ 平躺在地面上，雙腿伸直。將右膝彎曲並跨過身體至左側，此時感覺脊椎得到伸展。右臂高舉過頭，但需確認雙肩一直平貼地面。轉回一開始的姿勢，然後以左膝彎曲跨過身體至右側，左臂高舉過頭重覆伸展的動作。這是貓式伸展（Cat Stretch）。重覆做這個伸展運動，左右邊各做21次。

▶ 保持平躺腿伸直。左腿向上舉起，與身軀呈垂直90度。當左腿放下時，就將右腿向上舉起。如此重覆左右腿向上舉，共做1＋1/2分鐘。這個動作稱為交替舉腿（Alternate Leg Lifts）。

▶ 接著，同時將雙臂與雙腿上舉，與身軀呈垂直90度，並保持手與腿之間互相平行。同時將手臂與腿放下回到地面，然後再次快速向上舉起。重覆做2分鐘。

◀ 轉身趴著。以左手握住左腳踝，並將腳拉向左臀部，如果可以，將腳壓在臀部上。將腳踝放開回到地面，然後換右手握住右腳踝，將右腳拉向右臀，重覆方才的動作。左右腳交替做這個伸展的動作，共做1分鐘。

▶ 保持趴著的姿勢，並同時用雙手抓住雙腳的腳踝。吸氣並抬起身軀及大腿，握緊腳踝撐住。這是弓式（Bow Pose）。然後將身體前後搖動，將舌頭伸出來並進行火焰呼吸法（見p.30）1+1/2分鐘。

◀ 快速轉身呈躺的姿勢，並繃緊身體。然後快速地將身體抬高（成拱橋狀）、放下，反覆做這個動作2分鐘。

▶ 接著，改為趴的姿勢並做眼鏡蛇式（見p.143）。當吸氣時，抬起上半身，而呼氣時，將上半身放下趴回地面。做的時候將舌頭伸出並以嘴呼吸。共做眼鏡蛇式54次。

▲ ▶ 現在轉為平躺，雙腿伸直。將雙膝縮向胸口，並盡可能將鼻尖靠近膝蓋。將身體沿著脊椎向前後搖擺。共做2分鐘。

◄ 接著，仍以躺的姿勢，雙手及雙腿伸直快速地做交叉的動作。手與腿必須抬起，以免碰觸到地面及身體。重覆做2分鐘。

▶ 現在，雙手抓住雙腳腳跟。將胸口抬高離地，讓重量落在肩膀，然後調整肩膀到身體下方並將腹部抬高離地。深深吸氣至胸腔，然後吐氣。這是半轉輪式（Half Wheel Pose）。持續做6＋1/2分鐘。

　　接著，轉身趴著，雙手放在身體兩側。持續這樣放鬆的姿勢8分鐘。

▶ 從趴的姿勢立即翻身轉為平躺。像不動的屍體一樣，臉朝上躺著，身體和雙腿伸直，雙手放在身體兩側，掌心朝上。聆聽使人放鬆、冥想的音樂11分鐘。

　　注意力回到身體。同時摩擦雙手及雙腳，並做數次貓式伸展。

▶ **靜坐冥想**

　　以輕鬆式坐著（見p.138）。雙眼閉著，將注意力集中於鼻尖。做3＋1/2分鐘。然後將注意力轉移到第三雙眼的位置，也就是鼻尖上方的眉心位置，開始冥想。

　　瑜伽行者巴贊在做完這個冥想時，會以鑼聲及 *Wha-hay Guroo*，*Wha-hay Guroo*，*Wha-hay Guroo*，*Wha-hay jeeo* 的歌聲作為背景音樂。

靜坐冥想

瑜伽行者巴贊曾如此說：「靜坐冥想是一種中斷習性的藝術，可淨化心靈及關懷日常的事物。」

已有許多文字曾闡述過靜坐冥想，然而瑜伽行者巴贊只對它做簡單的定義，他認為靜坐冥想只是靜化心靈的過程，且不灌注大量思慮至潛意識中。當修習瑜伽時，靜坐冥想意謂著正是不強制淨空心靈，無論閃過心中的思維是什麼，尊重他們的出現，讓他們自然地出現及消失。如果你的身體靜止不動，你的心靈自然也會朝向靜止狀態。這是冥想時心的第一階段，且一如淨化法，熟練靜坐冥想的技巧後，就會真正導向改善健康或平衡情緒的特殊階段。

當靜坐冥想時，要確認坐姿舒服且背挺直；以披巾或毛毯蓋住頭及身體。當進行淨化法時，除非有特別說明，否則就保持雙眼閉合。

激發免疫系統法（BOOST YOUR IMMUNE SYSTEM）

激發免疫系統法，瑜伽行者巴贊在1996年1月31日所教授。

◀ 以輕鬆式（見p.138）坐著。將胸口向上及向前挺，下巴向下收朝向鎖骨中央，保持頭的高度，臉朝向前方自然的位置，頸部放鬆。伸出舌頭並向下捲，盡可能伸長。透過嘴巴吸氣與呼氣，並用力呼氣，利用橫膈模將空氣排出。這就是著名的犬式呼吸（Dog Breath），用力呼氣3至5分鐘。

結束時，吸氣後摒住呼吸15秒。將舌頭穩壓在嘴巴上顎。然後呼氣。這一系列的結束動作共做3次。

自我療癒法（SELF-HEALING）

自我療癒法，瑜伽行者巴贊在1985年12月11日所教授。

為了使這個原被視為是一整套瑜伽的自我療癒靜坐冥想，能發揮最大的益處，必須連續90天早上遵循所建議的例行事項：當進行這個冥想時，早餐只吃你習慣的水果，且只喝瑜伽茶（如果喜歡牛奶，可以加少量，但不要加蜂蜜）。到中午12點之前就不要再吃其他食物。

▼ 要進行這個靜坐冥想，需要一顆蘋果或一根香蕉。也可以播放使人放鬆的冥想音樂，以增添冥想時的力量。

以輕鬆式坐著（見p.138）。如果是男性，就把水果放在右手，而如果是女性，就放在左手。另一隻手就輕輕地遮蓋在水果上方5至10公分（4至6英吋）處。

雙手同時向前伸展，重點在於手肘需挺直，手掌與手臂在同一高度，並保持水果在正前方。整個冥想過程都保持這個姿勢。

閉上雙眼並想著肚臍中央。想著將肚臍中內的能量投射到手掌上的水果，給予這個水果祝福。維持這樣的姿勢9分鐘，將注意力集中在創造肚臍中央與水果間的能量連結。

▶ 9分鐘後，以雙手拿著水果，並將水果放在肚臍位置貼著身體。保持這個姿勢，呼吸盡可能深而長，共做2分鐘。

繼續保持同樣的姿勢，接著開始控制進出身體的呼吸，用意識調整呼吸的節律。吸氣時愈深愈好，而吸氣的時間愈長愈好。接著，吐氣時也愈深愈好，吐氣的時間也愈長愈好。共做7分鐘。

結束時，吸氣並將水果更貼緊肚臍。將舌頭用力往上顎頂，並且吐氣。

在靜坐冥想之後，開始吃水果，要用意識控制吃的速度，慢慢地吃，仔細地吃，並將心靈灌注在經由水果吃進體內的諸多祝福上。

Siri Gaitri咒語療癒靜坐法（RAA MAA DAA SAA SAA SAY SO HUNG HEALING MEDITATION）

以Siri Gaitri咒語（*Raa Maa Daa Saa Saa Say So Hung*）進行療癒的靜坐法，乃瑜伽行者巴贊在1999年12月20日所教授。

在靜坐冥想的時候以音樂光碟或錄音帶播放*Siri Gaitri*咒語，並大聲唱誦咒語或在心裡默唱，建議選用*Gurnam's RaMaDaSa Healing Sound*。

瑜伽行者巴贊提到這個靜坐法時說：「這是一個一生都應修習的靜坐法。雖然簡單，但可以帶給你療癒的力量。」

◀ 以輕鬆式（見p.138）坐著，左手掌貼在肚臍位置，右手肘彎曲舉起右下臂，使右手掌心朝向前方。

◀ 在這個淨化法中的手臂動作，是隨著咒語逐漸緩慢地將右手伸向前方。在第一個音節*Raa*時，開始將右手向前方伸出。

◀當咒語的最後一個音節 *Hung* 唱誦完畢時，右手臂應向前完全伸展。

在整個過程結束後，將右手臂縮回至一開始的姿勢，也就是手肘彎曲，右下臂上舉，停留在身體右側。當再次唱誦*Raa*時，就再將手臂向前方伸展。

手臂的動作應平順連續而優雅，並配合咒語結束時剛好完成。手臂動作時就好像正在給予祝福一般。

剛開始修習這個靜坐法，每次只需做11分鐘，然後再逐漸加到每次做31分鐘，最多可做2＋1/2小時。

克服與消除憤怒法（CONQUER INNER ANGER AND BURN IT OUT）

克服與消除憤怒法，乃瑜伽行者巴贊在1999年3月8日所教授。

這個靜坐法有助於改變生活。應持續40天，在每日早晨或傍晚之際進行11分鐘。

▲ 以輕鬆式（見p.138）坐著，然後閉上雙眼並將注意力集中於脊椎，脊椎必須挺直。將雙臂伸向兩側，保持手臂直挺並與肩同高。將食指向上指，食指亦應挺直繃緊。用姆指壓住其他手指。

捲起舌頭並吸氣。透過捲起的舌頭將空氣吸入體內，然後透過鼻子呼氣。這就是冷卻呼吸法（Cooling Breath），或稱思他利呼吸法（Sitali Breath）。用這種呼吸法做11分鐘。

結束時，深深吸氣並屏住呼吸10秒鐘。當屏住呼吸時，將手臂盡量伸展，愈長愈好，就好像兩邊有力量在牽引手臂一般。呼氣後，重覆吸氣、屏住呼吸的動作，再做兩次手臂的伸展。

咒語 （The mantras）

本書所有咒語之參考

Adi mantra

Ong Namo Guroo Dayv Namo

Adi Shakti mantra

Adi Shakti, Adi Shakdti, Adi Shakti, Namo Namo,
Sarab Shakti, Sarab Shakti, Sarab Shakti, Namo
Namo,
Prithum Bhagawati, Prithum Bhagawati, Prithum
Bhagawati, Namo Namo,
Kundalini, Mata Shakti, Mata Shakti, Namo, Namo.

Ajai Alai mantra

Ajai Alai	不屈不撓。永恆不滅。
Abhai Abai	無論身處何地都勇敢不懼。
Abhoo Ajoo	未來。永遠。
Anaas Akaas	每一件事都永恆不滅。
Agunj Abhunj	不屈不撓。不可分割。
Alukh Abhukh	無形之物。不受貧困控制。
Akaal Dyaal	永世不朽。慈悲寬容。
Alayk Abhaykhe	難以想像。無固定形體。
Annam Akaam	難以說明。不受欲望控制。
Agaahaa Adhaahaa	深不可測。無法被損壞。
Anaatay Parmaatay	沒有導師。所有事物的破壞者。
Ajoonee Amonee	超脫生與死。超越沈默。
Na Raagay Na Rungay	比愛的本質更豐富。超乎所有的色彩。
Na Roopay Na Raykay	無固定形體。超越所有輪穴。
Akaramung Abharamung	超脫業力影響。超越疑慮。
Aganjay Alaykhay	超脫掙扎。難以想像。

Chattr Chakkr Varti mantra

Chattr Chakkr Vartee, Chattr Chakkr Bhugatay,
Suyumbav Subhang Sarab Daa Sarab Jugtay,
Dukaalang Pranaasee Dayaalang Saroopay,
Sadaa Ung Sungay Abhangang Bibhootay.

神存在於四方，
享受者存在於四方，
神是與萬物結合的光明體，
是罪惡的年代的摧毀者，是慈悲的化身，
神永遠與我們同在，
神是不滅力量的永恆授與者。

Chotay Pad mantra

Sat Naarayan Wha-Hay Guroo,
Haree Naaraayan Sat Naam.
Sat Naraayan 是真正的支持者，
Wahe Guru 是無法用言語表達的智慧，
而 Sat Nam 則代表了真實的特性。

Ek Ong Kar Satgur Parsaad mantra

Ek Ong Kaar, Sat Gur Prasaad, Sat Gur Parsaad,
Ek Ong Kaar.

宇宙存在一造物主——真理藉由上師的恩典顯露。

Guru mantra

Wha-hay Guroo.

在我體驗難以言喻的智慧時，我欣喜若狂。

Guru Gaitri mantra

Goginday Mukanday Udaaray Apaaray,
Hareeung Kareeung Nirnaamay Akaamay.

支持者，解放者，啟蒙者，無限，破壞者，創造者，莫名，無欲。

Guru Mantra of Ecstasy

Wha-hay Guroo, Wha-hay Guroo, Wha-hay Guroo,
Wha-hey Jeeo.

神的無窮智慧是遠超過言語所能描述的。

Har Singh Nar Singh mantra

Har Singh Nar Singh neel Naaraayan,
Guroo Sikh Guroo Singh Har Har Gayan,
Wha-hay Guroo Wha-hay Guroo, Har Har Dhiayan,

Saakhat Nindak Dusht Mathaayan.

身為保護者的神照顧著宇宙萬物。
那些活在神的意識及力量中的人們，唱誦著Har Har。冥想著Wahe Guru（神，奇妙的導師）並活在歡愉之中。那些被神的名號撼動並和神產生連繫的人們，所有的業力都會被清除。

Jap Man Sat Nam mantra

Jap Man Sut Naam, Sadaa Sut Naam.

哦，我的心靈，撼動了真實的本性，也就是真理。

Laya Yoga Kundalini mantra

Ek Ong Karr Sat Naam Siree Wha-hay Guroo.

造物主創造了萬物，
真理就是祂的名，
祂的無窮智慧遠超過言語所能描述。

Mangala Charn mantra

Ad Guray Nameh, Jugad Guray Nameh,
Sat Guray Nameh, Siri Guru Devay Nameh.

我順服於最初的上師，
我順服於歷經歲月考驗的智慧，
我順服於真正的智慧，
我順服於偉大而不可見的智慧。

Sat Nam mantra

Sat Naam

Sa Ta Na Ma mantra

Saa Taa Naa Maa

Siri Gaitri mantra

Raa Maa Daa Saa Say So Hung

Wah Yantee, Kaar Yantee mantra

Wah Yantee, Kaar Yantee,
Jag Doot Patee, Aadak It Waahaa,
Brahmaadeh Traysha Guroo,
It Wha-hay Guroo.

偉大的主宰，造物主，
歷經時間後一切都具創造性，
一切都是偉大的造物主，
神具有三種樣貌：創造神梵天（Brahma）、保護神毗濕奴（Vishnu）、破壞神濕婆（Mahesh（Shiva））。
這就是神，奇妙的導師。

綠生活06

靈量瑜伽輕食

作　　者：艾克翁卡辛（Ek Ong Kar Singh）／賈桂琳郭（Jacqueline Koay）
總 編 輯：林慧美
副 主 編：劉音秀
編　　輯：林慧美
視覺設計：劉麗雪（封面）／林銘樟（內文）

董 事 長：洪祺祥
發 行 人：張水江
社　　長：蕭豔秋
行銷總監：蔡美倫
出　　版：日月文化出版股份有限公司
製　　作：山岳文化圖書有限公司
地　　址：台北市信義路三段151號9樓
電　　話：(02)2708-5509
傳　　真：(02)2708-6157
E-Mail：service@heliopolis.com.tw
日月文化網路書店：www.ezbooks.com.tw
郵撥帳號：19716071 日月文化出版股份有限公司
法律顧問：孫隆賢
財務顧問：蕭聰傑
總 經 銷：大和書報圖書股份有限公司
電　　話：(02)8990-2588
傳　　真：(02)2299-7900
印　　刷：禾耕彩色印刷公司
出版日期：2007年6月 初版一刷
定　　價：350元
ISBN/ 978-986-6823-07-7

First published in 2005
under the title the Kundalini Yoga COOKBOOK
By Gaia Books, an imprint of Octopus Publishing Group Ltd
2-4 Heron Quays, Docklands, London E14 4JP
© 2005 Octopus Publishing Group Ltd
Supervised by Big Apple Tuttle-Mori Agency,Inc.,
Complex Chinese edition copyright:
2007 by HELIOPOLIS CULTURE GROUP Co.,Ltd
ALL rights reserved.

國家圖書館出版品預行編目資料

靈量瑜伽輕食／艾克翁卡辛（Ek Ong Kar Singh）、
賈桂琳郭（Jacqueline Koay）著;吳慧燕譯;
初版.--臺北市；日月文化,2007[民96]
168面；19X26 公分（綠生活;06）
譯自 the Kundalini Yoga COOKBOOK
ISBN 978-986-6823-07-7 (平裝)
1.素食主義　2.輕食　3 瑜伽食譜

411.3　　　　　　　　　　　96007798

親愛的讀者您好：

感謝您購買日月文化集團的書籍。

為提供完整服務與快速資訊，請詳細填寫下列資料，傳真至 02-2708-5182，

或免貼郵票寄回，我們將不定期提供您新書資訊，及最新優惠訊息。

山岳文化　讀者服務卡

*1. 讀友姓名：＿＿＿＿＿＿＿＿＿＿＿＿＿＿＿＿＿＿＿＿＿

*2. 聯絡地址：＿＿＿＿＿＿＿＿＿＿＿＿＿＿＿＿＿＿＿＿＿

*3. 電子郵件信箱：＿＿＿＿＿＿＿＿＿＿＿＿＿＿＿＿＿＿＿

　　（以上欄位請務必填寫，僅供內部使用，日月文化保證絕不做其他用途，請放心！）

4. 您購買的書名：＿＿＿＿＿＿＿＿＿＿＿＿＿＿

5. 購自何處：＿＿＿＿＿＿＿縣/市＿＿＿＿＿＿＿書店

6. 您的性別：□男　　□女　　生日：＿＿＿年＿＿＿月＿＿＿日

7. 您的職業：□製造　□金融　□軍公教　□服務　□資訊　□傳播　□學生

　　　　　　　□自由業　□其它

8. 您從哪裡得知本書消息？　□書店　□網路　□報紙　□雜誌　□廣播

　　　　　　　　　　　　□電視　□他人推薦　□其他

9. 您通常以何種方式購書？　□書店　□網路　□傳真訂購　□郵購劃撥　□其它

10. 您希望我們為您出版哪類書籍？□文學　□科普　□財經　□行銷　□管理

　　□心理　□健康　□傳記　□小說　□休閒　□旅遊　□童書　□家庭　□其它

11. 您對本書的評價（請填寫代號 1.非常滿意 2.滿意 3.普通 4.不滿意 5.非常不滿意）

　　書名＿＿＿內容＿＿＿封面設計＿＿＿版面編排＿＿＿文／譯筆＿＿＿

12. 給我們的建議

　　＿＿＿＿＿＿＿＿＿＿＿＿＿＿＿＿＿＿＿＿＿＿＿＿＿＿＿＿＿＿

　　＿＿＿＿＿＿＿＿＿＿＿＿＿＿＿＿＿＿＿＿＿＿＿＿＿＿＿＿＿＿

日月文化集團
HELIOPOLIS
CULTURE GROUP

讀者服務部　收

106　台北市信義路三段151號9樓

對折黏貼後，即可直接郵寄

日月文化集團之友長期獨享郵撥購書8折優惠（單筆購書金額500元以下請另附掛號郵資60元），請於劃撥單上註明身分證字號（即會員編號），以便確認。

成為日月文化集團之友的2個方法：

- 完整填寫書後的讀友回函卡，傳真或郵寄（免付郵資）給我們。
- 直接劃撥購書，於劃撥單通訊欄註明姓名、地址、電子郵件信箱、身分證字號以便建檔。

劃撥帳號：19716071　　　　戶名：日月文化出版股份有限公司
讀者服務電話：02-27085875　　讀者服務傳真：02-27085182
客服信箱：service@heliopolis.com.tw

大好書屋

寶鼎出版

唐莊文化

山岳文化

易說館

寄情山岳，綠意心靈，
　展現生活，天天森呼吸。

寄情山岳，綠意心靈，
　　展現生活，天天森呼吸。

寄情山岳，綠意心靈，
　　展現生活，天天森呼吸。